みわたす・つなげる

自然地理学

小野映介・吉田圭一郎編

古今書院

はじめに

本書は,中学校（社会）や高等学校（地理歴史）の教職課程に不可欠な自然地理学・人文地理学・地誌学の授業に則した教科書としてつくった「みわたす・つなげる地理学」シリーズの一書である。おもな対象は，教員志望の大学生や，一般教養として地理学を学びたい大学生で，中学校や高等学校で学ぶ地理と大学の地理学との橋渡しを企図している。もちろん，地理，日本史，世界史，また公民を指導する高校教員や，大学の地理学に興味のある高校生に手に取ってもらうこと，また大人の「学び直し」に利用してもらうことも大歓迎である。

地理に関する高校教員の免許は「地理歴史」であり，歴史と地理が1つにまとまっている。また，中学校（社会）の免許は歴史，地理，公民が1つとなった科目内容ということもあり，やはり歴史と地理が深く関わる。このように，いずれも時間軸を扱う歴史と空間軸を扱う地理とが1つの教員免許として設定されているわけだが，時間と空間の2つの視点を自分のものとすることではじめてこの世界が分かるようになることを思えば,両者が1つになっているのは当然のことのようにも思われる。むしろ，教員を目指す学生に限らず，社会に出ていくあらゆる学生に身につけてほしい視点だと思っている。その意味で，2022年以降，「歴史総合」と並び，「地理総合」が高等学校での必履修科目として設定されることは意義深い。2023年に始まった「地理探究」とともに，地理の果たす役割はますます高くなるだろう。

ただ，歴史と地理を等しく学ぶことの大切さは分かってはいても，高等学校（地理歴史）もしくは中学校（社会）の教員免許状の取得を志す学生の皆さんのなかには「歴史は好きだけど，地理はあまり……」といった人もいると思う。また，教養として地理学の授業を選択してくれる学生の皆さんのなかにも「地理は苦手だった」という人がいるだろう。私たちが大学で出会ってきた学生のなかにも少なからずいた。そうした学生に，どうしたら地理や地理学の面白さや重要さを伝えることができるだろうか。このシリーズ制作の根底には，高等学校までに学んできた地理と大学の地理学を橋渡ししながら，地理学の魅力を伝えたいという私たちの思いがある。

しかも，地理学は文系と理系の枠を越えた幅広い視野で世界を「みわたし」，またそうした

視点を「つなげて」世界を考えていく特徴を持っている。専門としての地理学を追究する学生はもちろんのこと，一般の学生にとっても，地理学で磨かれる「みわたす力」や「つなげる力」は，きっと役立つものになるに違いない。それは，学校教育を通じて育成が求められる公民的資質，すなわち広い視野から，グローバル化する国際社会で，平和で豊かな社会の形成に主体的に貢献することに必要な公民としての資質・能力にも通ずるものである。

「みわたす・つなげる地理学」シリーズの特徴の1つに，自然地理学・人文地理学・地誌学の各テキストが，それぞれ参照しあえるようになっていることがある。教職課程のカリキュラムでは3つが異なる授業として提示されている。もちろん，それぞれ独自の項目も多いが，それと同時に複数の分野にまたがる話題も多い。幅広い視点をつなげることが地理学の面白さの1つだと先に記したが，まさにそうしたつながりを教科書のなかでも示すように工夫した。

「教職課程」とは，教員免許状を取得させる大学の課程のこと．

本書は大学の授業回数にあわせて15章構成にしている。自然地理学の基礎的事項をいくつかのまとまりでとらえて配置し，各章を順番に系統的に学んでいくことで効率的に学習できるようになっているが，学習の道筋が1つに決まっているわけでは決してない。それぞれの章は独立して読めるようにも工夫してあるので，興味や関心に応じてどの章から読んでもらってもかまわない。その際，側注に示した他の章やシリーズ内の『みわたす・つなげる人文地理学』『みわたす・つなげる地誌学』（本書内ではそれぞれ『人文地理学』『地誌学』と記載する）の関連する内容へのリンクを参照して，積極的に知識をつなげてほしい。また，同じく側注には，キーワードや理解を深めるための要点を載せている。より関心を深められるように「コラム」も設けているので，参考にしてほしい。

参考文献は本書の最後にまとめている。学習者の利便性を考えて章ごととし，また地理学の入門書として適切な文献を中心に厳選しているので，ぜひ参考としてほしい。こうした点も含め，本書は自然地理学に触れる導入のテキストとなるよう配慮している。本書や姉妹編となる『みわたす・つなげる人文地理学』『みわたす・つなげる地誌学』を用いた学習を通じて，講義のなかで，もしくは議論を通じて，世界を「みわたす力」と，得られた知識を「つなげる力」を養ってほしい。

編著者一同

目　次

1　自然地理学とはどんな学問か？

1. 身近な自然への疑問

私たちが暮らすこの世界には実に多様な自然が見られる。みなさんの中には身近な自然に興味関心を抱き，いろいろな疑問を思い浮かべたことがある人も多いと思う。

なぜ，日本の山は険しいのか？

なぜ，日本には火山が多いのか？

なぜ，日本の天気は「西からくずれる」のか？

なぜ，日本は緑が豊かなのか？

なぜ，日本では頻繁に自然災害が起きるのか？

身近な自然についての疑問を改めて考えてみると，答えるのが意外と難しく，内容は奥深いことに気づく。なぜなら，自然は様々な事象が互いに結びついて成立しているためで，私たちは複雑な自然環境の影響を受けながら，自然環境を利用して生活している。自然地理学は，こうした自然環境の複雑さや人と自然のかかわりを解き明かす学問分野である。身近な場所から世界まで様々なスケールで自然環境を理解し，地球環境問題の解決の糸口を探ったり，自然災害から自分や自分の大切な人たちを守ったりできるようにするための知識や技術を学ぶ分野でもある。本章では，地理学や自然地理学の特徴を概観したのち，地理学における自然のとらえ方について解説して，自然地理学を学ぶ意義について考えていく。

❀
地理学の特徴については『人文地理学』の第1章も参照のこと.

2. 系統地理学と地誌学

地理学は英語でGeographyと表記される。この語源はギリシャ語のGEOとGRAPHIAに由来し，それぞれ「大地／土地」と「描く」の意味であった。すなわち英語のGeographyは大地を表現，もしくは描写することが含意されている。一方，漢字文化圏の場合，地理学とは「地」の「理（ことわり）」を知る，つまり大地や土地にまつわる道理や理由を探る学問ということである。どちらにしても，大地や土地，もう少し広く言うならば空間をめぐる学問であり，空間の中の疑問を探り，そしてその答えを表現していくのが地理学全体に共通する方向性である。

❀
地理学と哲学は「諸学の母」ともいわれ，多くの学問をはぐくんだ．天文学や地質学，人類学や民俗学などは地理学から育っていった.

19世紀に近代地理学としての学問スタイルが確立してくると，対象に応じて分野を区分する動きが現れた。その区分の仕方は時代によって変化してきたが，現代の日本では系統地理学と地誌学に分け，さらに系統地理学を自然地理学と人文地理学に分けるのが一般的である（図1-1）。また，地理学と密接にかかわって発展してきた隣接分野として地図学がある。

系統地理学は，特定の視点から空間的な事象をとらえるもので，先に確認したように自然地理学と人文地理学に区分できる。概略的に区分の規準を示すならば，自然地理学は人間の存在有無にかかわらず地球上で起こる現象をおもな対象とする分野，逆に人文地理学は人間がいることで起こる現象をおもな対象とする分野，となるだろう。

そして自然地理学にも人文地理学にも個別領域がある。自然地理学の場合は地形学，気候学，水文学，植生地理学といったような細分が可能で，それぞれの個別領域が特定の視点から空間をみわたしている。系統地理学の基礎となる知力の1つは，こうした特定の視点からの「みわたす力」である。

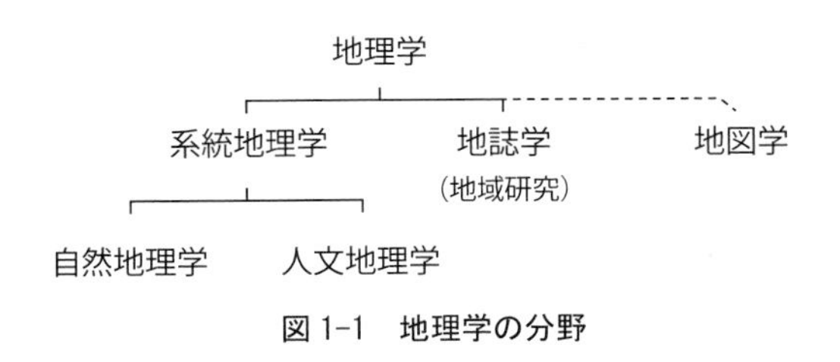

図 1-1　地理学の分野

ただ，地理学の面白さは特定の「みわたす力」だけで空間や場所をとらえるというところに留まるのではない。そこに加えて，隣接する視点，関連する視点で得られた知見をも取り込みつつ，総合的にとらえようとする側面を強く持っている。こうした，様々な視点や知識を「つなげる力」もまた，地理学の研究を進める基礎的な知力として位置づけられる。

自然地理学と人文地理学の区分は学問の精緻化には有効だが，地理学の特徴が，自然と人文の相互に深く関係している点にあることを忘れてはいけない。言い換えれば，空間を介して，また地図を介して自然地理学と人文地理学が双方向に対話できる点は，他の学問分野には見られない地理学の大きな強みとなっている。例えば現在，地球的課題としてよく取り上げられる「環境」や「災害」といったテーマは，自然と人間の関係性のなかから立ち現れるものであり，解決策を検討する際には，自然地理学と人文地理学の両方の視点をつなげることが特に有効となる。

❀ 人文地理学の分野については，『人文地理学』第1章を参照のこと.

❀ 自然災害については第13章と第14章で，また災害については『人文地理学』第13章で，それぞれ扱う.

地誌学は1つの地域・場所に焦点を絞り，そこの個性を総合的に理解しようとする学問である。地誌学においても「みわたす力」と「つなげる力」が重要なのは変わらない。地形や気候，植生といった自然条件や経済や政治，文化，歴史といった人文条件といった，それぞれの視点から地域をみわたすことは，地誌学を進めるうえで基本的な作業となる。ただし，個別の「みわたす力」で得られた知見をいくら並べても，特徴を羅列したにすぎず，総体としての地域・場所の個性を理解したことにはならない。そのため，総合的な把握のための「つなげる力」が大きな役割を果たすことになる。

❀ 地誌学については『地誌学』第1章を参照のこと.

3．高等学校までの地理と大学の地理学

教員免許状取得に必要な科目の授業を受けていると改めて，小中高までは教科書があったのに，大学では教科書を使う場合とそうでない場合があり，教員によって選ぶ教科書も異なっていることに気づく。なぜこうした違いが生じるかというと，高等学校までは文部科学省によって「学習指導要領」が定められており，その内容に従って教科書が作成されているためである。教科書は出版社によってタイトルや表紙が違っているかもしれないが，目次を見るとどの教科書も似ていることを理解できるだろう。学習指導要領は約10年間隔で改訂されており，そのたびに学習指導要領に合わせて新しい内容の教科書が作られ，文部科学省の検定を経ることによって発行されている。もちろん，大学入学共通テストをはじめとした大学入試問題の多くも，教科書の内容に沿って出題されている。

❀ 地理教育と社会との関係については，『人文地理学』第15章を参照のこと.

大学では，文部科学省による検定を受けた教科書を指定して，地理学を教えなければならないという決まりはない。しかも最新の研究動向を紹介しようとすると，各教

員の専門分野や各大学の地理学教室による伝統やスタッフ構成が影響を及ぼす。例えば，地理学はまず自然地理学と人文地理学によって学ぶ内容が異なってくるし，人文地理学の中でも社会科学系と人文科学系によって，読むべき参考文献や隣接分野も変わってくる。高等学校の地理ではこの項目が好きだったからとか，地理は地図に描かれるものだという大前提を解き放って，大学の専門的な地理学を学ぶための柔軟な心構えが必要とされる。

4. 総合科学としての地理学

現在の大学には様々な学部があり，かつては文系・理系の区別がはっきりしていたが，近年では国際系や環境系など区分があいまいな学部も増えている。日本に大学ができた当初は，文学部と理学部のように，文系・理系の区分はかなりはっきりしていた。そのなかで自然地理学は理系，人文地理学は文系に属すものとして展開する。東京大学（当時は東京帝国大学）では理学部に，京都大学（京都帝国大学）では文学部に，それぞれ地理学教室が誕生し，各々発展していった。こうして東大は理系，京大は文系という異なる経路となったため，そのことが他大学にも影響し，現在でも東日本では理学部系統に地理学教室が多く，また西日本では文学部系統に地理学教室が多くなっている。

❀
高等師範学校とは，戦前に存在していた教育機関で，中等学校教員（現在では高校教員に相当する）の養成にあたった学校である.

もう 1 つの流れは高等師範学校である。高等師範学校は教員養成が目的であったため，地理学は中学・高校の地理教育を支える学問として教育学部にも展開していく。筑波大学をはじめ，広島大学，金沢大学などは現在でも地理学の拠点校として多くの人材を輩出している。

このように地理学は独自の学部をもたず，様々な学部に展開したため，研究者の学位をみると，理学博士，文学博士，農学博士など一見するとまったく違う学問体系に育ったようにみえるほど出自は多様である。こうした幅広い学問にまたがるということ自体が地理学の総合学問たるゆえんであるともいえるし，地理学全体の強みともなっている。さらに，地理学の個別領域においては，それぞれ他の学問分野と密接しており，例えば地形学と気候学などは地球科学と，経済地理学は経済学と，政治地理学は政治学と，歴史地理学は歴史学や考古学とかかわりがある。ともすれば，地理学はディシプリンとしての核をもたないという批判もあるが，他方，総合科学としての地理学の有効性が発揮されるのは，こうした他の学問との柔軟なかかわりの場においてである。

5. フンボルトと自然地理学

❀
植生や相観については，第 9 章を参照のこと.

記載のみにとどまっていた自然を，地理学における研究の対象として最初に描き出したのはアレキサンダー・フォン・フンボルトである。フンボルトは自身のアメリカ紀行の成果として『植物地理学試論および熱帯地域の自然像』を 1805 ～ 1807 年に出版し，植物の分布や植生の相観に着目しながら，新大陸の熱帯地域でみられる自然の諸事象を総体としてまとめあげることを試みた。その中の「熱帯地域の自然図」（図 1-2）では，現地での観察や観測にもとづき，地形・地質，気候，植生などの多様な

図 1-2 アレキサンダー・フォン・フンボルトによる「熱帯地域の自然図」(1807 年)
中央に描かれたチンボラソ山（6268 m）を含む断面図には，植生の相観と，分布の上限と下限を考慮した植物の名が示されている．また左右には，気温，気圧，大気の化学組成などの標高に沿った変化が記述されている．

事象を標高に沿って一体として描いており，これら諸事象が相互にかかわりあい，時には因果関係を持ちながら，地域の自然全体を形づくっていることを示した。こうしたフンボルトの業績は，地理的な見方・考え方から地域の自然をとらえた先駆けとして，近代地理学の中で評価されている。

❀ チンボラソ山：エクアドル中央のアンデス山脈にある火山.

自然を研究対象とした自然地理学はその後，地理学の中で系統地理学として位置づけられ，自然の構成要素ごとに地形学，気候学，水文学，土壌地理学，植生地理学，生物地理学などへと細分化した。それぞれの分野では，地球科学，気象学，生物学など隣接する自然科学分野とかかわりながら発展し，自然科学における法則性を見出すなど，自然を構成する諸事象の理解を深めていった。その反面，学術の深化とともに細分化した各分野での専門性が高まり，フンボルトのように自然の全体像を描き出すことは少なくなった。そのため，地理学の中で自然を扱う意義が見失われることが多くなり,「なぜ社会科学の地理学で自然を扱うのか?」と疑問を持つ読者もいると思う。

6. 自然の全体像をとらえる自然地理学

自然は，構成する様々な事象が互いに結びついて地表面空間に存在している。自然地理学はそうした諸事象の相互関連性に着目して，自然の全体像を理解する学問分野であり，この点が周辺他領域と異なる最も重要な見方・考え方である。つまり，自然地理学は自然を構成する諸事象を「みわたし」，それらの関係を「つなげる」ことで，自然の理解を深めている。そのため，自然が内包する個別の事象を理解するだけでなく,自然地理学では互いに関連づけて自然の全体像を洞察する能力を養う必要がある。

こうした学問分野としての特質から，細分化しながら発展してきた自然科学における他分野の方向性とは異なり，自然地理学では総合的に自然を把握する試みが行われてきた。例えば，カール・トロルから始まる地生態学（geoecology）はその 1 つに位置づけられる。地生態学では,ミクロな景観単位の中で結びついた諸事象(地形,気候,土壌，植生など）の相互関係を解析し，自然の全体像を理解することに重きがおかれた。日本でも，1980 年代から高山域を中心に地生態学の研究成果が蓄積され，隣接する生態学などとは異なる総合的な学問分野として注目された。最近では，隣接他分野でも，気候システムや生態系など構成要素間の相互作用を含めて自然をとらえなおす見方・考え方が定着しつつある。フンボルト以来培ってきた自然の諸事象をみわたし，つなげて，自然の全体像をとらえる自然地理学の視点が果たす役割はますます重要になるだろう。

この点を踏まえ，本書では，自然を構成する地形，気候，植生などの諸要素の説明にとどまらず，できる限り諸要素の相互関連性についても言及している。例えば，第 7 章では気候が海陸分布や標高などの地形に影響を受けることに言及する一方で，第 9 章では気候が生物群系の空間分布を支配する要因であることを解説している。読者の皆さんには，本書を読み進めながら，個々の事象の理解を深めるだけでなく，自然地理学の本質である諸事象の相互関連性についても意識してほしい。

7．自然地理学における時空間スケール

自然をとらえるもう 1 つの重要な地理的な見方・考え方として，時空間スケールがある。自然の諸事象にはそれぞれ対応した時間スケールがあり，異なるスケールからとらえようとすると同じ自然現象であっても見え方は異なる。例えば，富士山は 300 年以上噴火していないにもかかわらず，活動的な火山とされている。これは，私たちの社会にとって 300 年はとても長い時間だが，現在の富士山の活動期間である約 1 万年の中での 300 年はごく短期間となるためである。空間スケールも同様であり，日本が猛暑となる要因を考えるためには，日々の天気や気象データからではなく，日本周辺の数百 km ～数千 km（10^2 ～ 10^3 km）での気圧配置なども考慮する必要がある。

時間スケールと空間スケールは対応しており，大きな空間スケールの事象は長い時間スケールで生じる（図 1-3）。世界の大地形はプレートテクトニクスや大陸移動など数百万年～数億年（10^6 ～ 10^8 年）の時間をかけて形成される。一方で，数 km ～数十 km（10^0 ～ 10^1 km）規模の沖積平野の地形は，数年～数百年（10^0 ～ 10^2 年）で変化する。自然地理学で取り扱う自然の諸事象は多岐にわたるため，その時空間スケールを認識することが，形成過程や変動を含めて理解するうえで重要となる。

人間活動との関係を考える際には，特にこの時空間スケールをきちんと整理しておく必要がある。人間活動の時間スケールから見ると，地形などの形成には相対的に長い時間がかかるため，私たちから地形は止まっているように見える。しかし，適切な時間スケールでとらえれば自然の諸事象は常に変化または変動している。小説『星の王子さま』で「地理学者」が山や大洋を例に挙げて「変わらないもの」としているのは，考えている時間スケールが違うためで，この「地理学者」は自然の時空間スケールを正しく認識できていない未熟な地理学者といえよう。

したがって，自然をその形成過程も含めて正しく理解するためには，人間社会の時間スケールから離れて別の時間スケールで自然をとらえる想像力が必要となる。本書では，章ごとあるいは複数の章のまとまりで，大きな時間スケールの事象から小さな

❀
『星の王子さま』（原題：Le Petit Prince）はアントワーヌ・ド・サン＝テグジュペリの代表作で，日本語をはじめ様々な言語に翻訳されて出版されている．

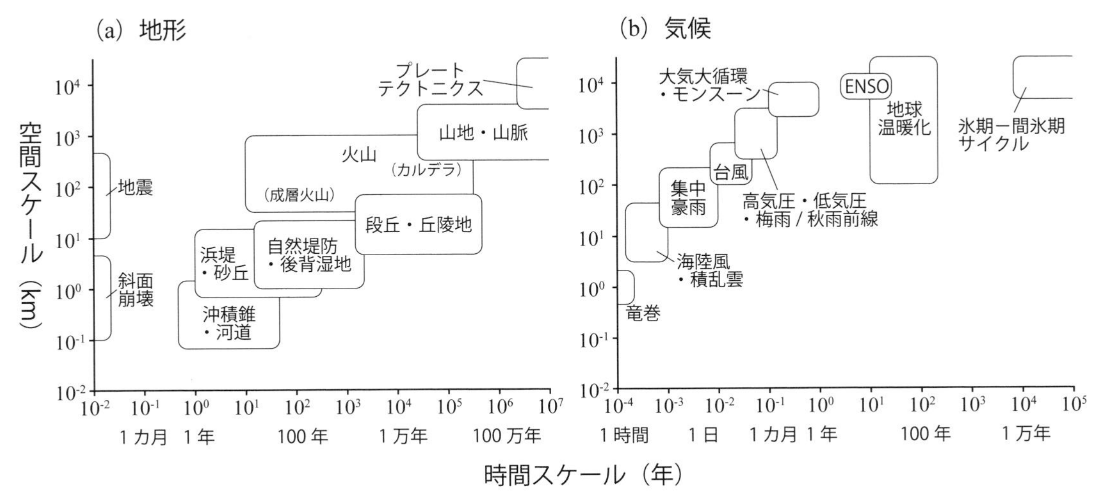

図 1-3　自然地理学で扱う諸事象の時間スケールと空間スケール

(a) 地形と (b) 気候にかかわる諸事象の時空間スケールを対数軸で示した．地形とは異なり，気候には数時間から1年程度の事象があることから横軸（時間スケール）が異なっていることに注意．

ものへと説明している。例えば，地形では大地形から小地形へ，気候では地球規模の気候から日本の気候へと展開している。自然の諸事象それぞれの時空間スケールに注意を払いながら読み進めて，理解を深めてほしい。

8．自然環境と人間社会とのかかわり

自然環境は人々の生活の基盤となっており，人間社会と互いに関係しながら存立している。高等学校までの学校教育の中では，この人と自然のかかわりといった地理学の複合性や総合性が強調され，おもに地誌学的な側面から自然環境が扱われる。つまり，私たちが自分たちの暮らす場所の自然環境に適応するために様々な工夫をしたり，生産活動などに利用するため自然環境へ働きかけたりすることで，地域ごとに多様な生活文化が営まれていることを学ぶ。また，開発や経済発展にともなう地球環境問題や自然災害に備えるための防災・減災についても，人と自然のかかわりの文脈から取り上げられてきた。

一方，大学で学ぶ自然地理学は，関連する隣接他分野に接近するあまり，人と自然のかかわりについての研究領域への貢献が弱い（堀 1995）。このことが高等学校までの地理との乖離につながっていて，大学で自然地理学を学ぶ人が混乱する原因の1つとなっている。

繰り返しになるが，地理学は自然環境と人間社会の両方を扱う文理融合の総合科目である。他の自然科学と異なる自然地理学の独自性の1つは，人間社会との相互依存関係も含めた自然環境を対象としていることにある。この点を踏まえ，本書では各章の冒頭に，私たちの暮らしや人間社会とのかかわりについて記述した導入を設けた。この導入をきっかけとして，第2章以降で取り上げる自然の諸事象の興味関心が喚起され，自然地理学の学びが深まることを期待したい。

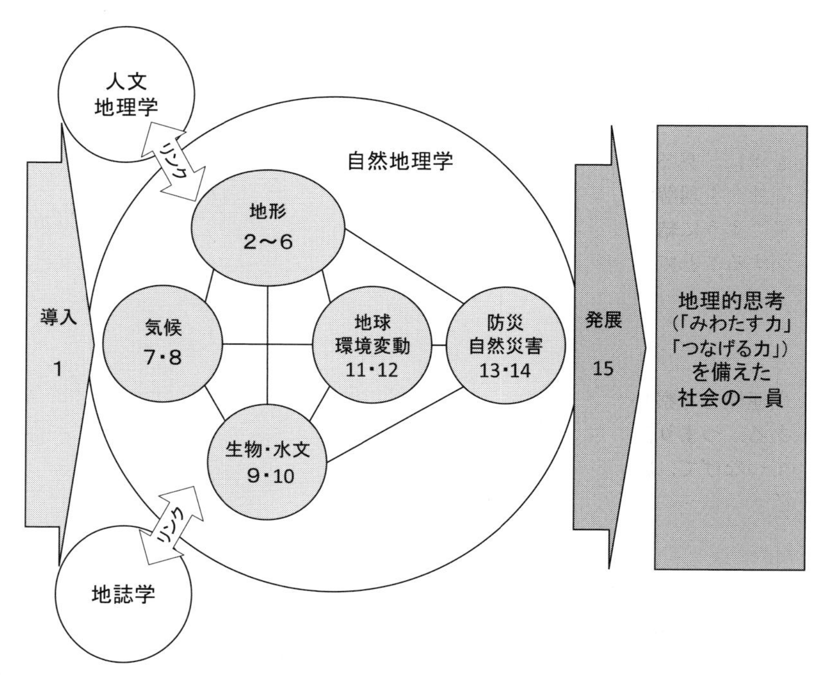

図 1-4　本書の構成
図中の数字は章番号を示す.

9. 本書の構成

本書は 15 章から成っており，それぞれの章が大学における 1 回の講義にあたり，15 回で本書に取り上げた自然地理学のおもな内容を学ぶことができる (図 1-4)。まず，この第 1 章では，導入として地理学における自然地理学の位置づけを示し，自然の全体像を描き出す自然地理学の特質を概観した。

次の第 2 章からは自然の諸事象ごとに学習できるように章立てを構成している。第 2 章から第 6 章は，自然環境の基盤となる地形をとりあげる。第 2 章と第 3 章では比較的大きなスケールから内的営力により形成された地形を，第 4 章〜第 6 章では河川流域の上流から下流へと外的営力により形成された地形を説明している。第 7 章と第 8 章は気候をテーマとしており，地球スケールから日本列島スケールまでの気候をみていく。第 9 章では気候との関連が強い生物分布について解説し，第 10 章では水文に着目し，私たちの生活に欠かせない水資源や水循環について紹介している。第 11 章と第 12 章では，現在の自然を理解するため，過去から現在までの地球環境の変動についてとりあげている。第 13 章と第 14 章では，日本で頻発する自然災害について学びながら，私たちが暮らす中で重要度が増している防災についても考えてほしい。最後の第 15 章では本書全体をふりかえり，社会とのつながりから自然地理学を学ぶ意義について述べている。

以上のような全 15 章を通して，読者の皆さんが地理学における自然のとらえ方を理解して，自然地理学の面白さに気づき，新たな学習へとつながることを期待する。

(吉田圭一郎・小野映介・上杉和央・近藤章夫・香川雄一)

コラム：地理的技能としての地図の読図

中学校や高等学校の地理で学ぶ基礎的な技能に地図の読図がある．「読図」とは地形図などの一般図や特定の主題について表現した主題図に示されている地理的事象の位置や分布を単に“見る”のではなく，地理情報を引き出して“読み取り”，地域の自然環境や人間社会を理解することを指す．私たちの身の回りの自然環境や人間社会は様々な事象が網のように結びついた複雑な三次元構造をなしている．そのため地理学では，地図を読図することで地域の各構成要素を把握し，それら相互の関連性を紐解いて，自然環境や人間社会を理解することが求められる．

地理教育では地図の読図が特に重視されている．それは，地図に示された地理的事象の位置や分布からその形成過程を推察したり，複数の主題図を重ね合わせて地理的事象の相互関連性を考察したりすることが，習得させるべき地理的な見方・考え方にあたるためである．つまり，地図の読図は，地理的事象を把握してみわたし，相互の関連性を紐解いてつなげて，総合的な地域理解へとすすめる，地理学の基盤となる能力の1つなのである．

自然地理学における具体的な事例からみてみよう．自然地理学における代表的な主題図であるケッペンの気候区分図（図8-1）を見ると，全体の気候区はおおよそ緯度と並行して帯状に分布している．このことから，緯度に沿って変化する気温や緯度方向での大気循環が大気候の形成プロセスになっていることが推察できる（「位置や分布から形成過程の推察」）．また，地形図の等高線から地形を判読することで，地形と対応した土地利用などの人々の暮らしをとらえられたり，斜面崩壊の危険度や洪水・津波時の浸水深などを示したハザードマップを作製して（図1-5），自然災害のリスクや防災について考察できたりする（「事象の相互関連性からの考察」）．このように，地図の読図は，地理的事象を理解するために必要不可欠な地理的な見方・考え方になっているのである．

本書では，自然の諸事象を深く理解できるように，できるだけ多くの地図を用いて説明している．読者の皆さんには，本書での自然地理学の学習を通じて，地図の読図についても学んでほしい．地図の読図を通じた地理的な見方・考え方を活かして自然環境を深く理解することは，地理学において自然を扱う意義や独自性であり，地理学を学ぶ面白さにつながるものと期待する．

図1-5　神奈川県鎌倉市周辺における津波浸水想定図（津波ハザードマップ）
国土交通省「重ねるハザードマップ」（https://disaportal.gsi.go.jp/maps/index.html）の閲覧画面を示した．実際の津波浸水想定の凡例はカラー表示である．

（吉田圭一郎）

❀ 地図の見方や使い方については，『地誌学』第4章を参照のこと．

2　内的営力による地形の変化

※ 都市の地理については『人文地理学』第 9・10 章を参照のこと.

1. 摩天楼の足元

現在, 世界経済の中心として君臨するニューヨークのマンハッタン(図2-1)。ただし, この都市の歴史は浅い。17 世紀の初めに, オランダ人入植者がネイティヴアメリカンからわずかな金額でマンハッタン島を買い取ったというエピソードが知られている。その後, 第二次英蘭戦争, アメリカ独立戦争などを経て, 都市の骨格が形成されていった。20 世紀になると次々と高層ビルが建設され, 摩天楼（skyscraper）が形づくられた。マンハッタンとは, ネイティヴアメリカンの言葉で「丘の多い島」を意味するとされる。この丘の正体は古生代に形成された岩盤であり, マンハッタン島の大半はカンブリア紀やオルドビス紀に地中で強い圧力を受けて形成された強固な地質からなる。ニューヨークの街並みを歩くと摩天楼に目を奪われるが, 高層ビル群の建設が進んだ要因の 1 つとして, 強固な地盤の存在があることも忘れてはならない。

本章では, マンハッタン島のような「古い」地盤を理解するうえでの基礎について, 地球の内的営力の面から解説する。

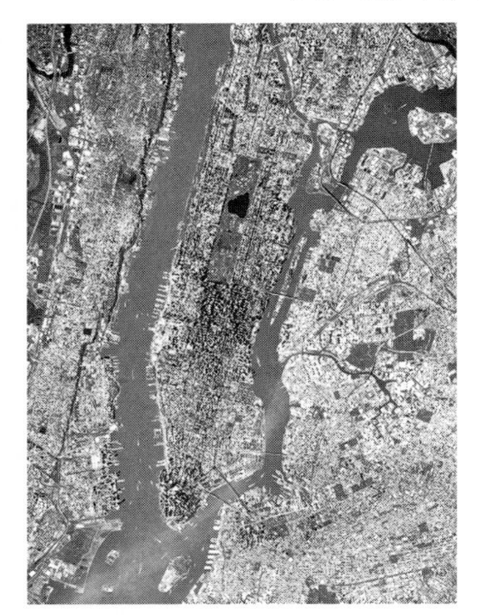

図 2-1　マンハッタン島（ニューヨーク, アメリカ合衆国）

※ マンハッタンは, 大局的には「古い」地形・地盤に位置しているが, 現在の地表面形態は最終氷期に氷河の影響を受けて形成された「新しい」ものである.

2. 地質年代

地球の誕生は約 46 億年前にさかのぼることができる。これは実に長い時間であり, 数十億年前, 数億年前という数字が出てくるだけで, 拒否反応を示す読者がいるかもしれない。しかし, 先のニューヨークの地盤のように, 数億年前にさかのぼらなければ生い立ちを解明できない場所は, 世界中に広く存在する。また, 高等学校までに学んできた鉱産資源の分布についても, 地球史を学ぶことによって新たな意義を見出すこともできる。はるか昔の出来事であっても, 私たちの生活とは不可分の事象もあるという認識が必要である。

地球の地質年代は図 2-2 のように, 階層構造で整理されている。大半が先カンブリア時代ということになるが, 残念ながらこの時代の出来事については不明な点が多い。一方, 顕生累代(けんせいるいだい)について

(億年) 45　40　35　30　25　20　15　10　5

先カンブリア時代			顕生累代		
冥王代	始生代（太古代）	原生代	古生代	中生代	新生代

古生代						中生代			新生代						
カンブリア紀	オルドビス紀	シルル紀	デボン紀	石炭紀	ペルム紀	三畳紀	ジュラ紀	白亜紀	古第三紀			新第三紀		第四紀	
									暁新世	始新世	漸新世	中新世	鮮新世	更新世	完新世

(百万年) 541.0　252.17　66.0　23.03　2.58

図 2-2　地質年代

は次々と新たな事象が解明されている。

私たちは，顕生累代の新生代の第四紀の完新世に生きている。私たち，すなわち現生人類（Homo sapiens）は 30 万～ 20 万年前にアフリカ大陸で誕生したとされている。現生人類の歴史は，地球史からすれば，ごく最近の出来事であると言える。

3．大陸移動説からプレートテクトニクスへ

大陸移動説は，ドイツの気象学者アルフレット・ロータル・ヴェーゲナーの著書『大陸と海洋の起源』（1915）によって体系的に示された。この説は地形・地質学，古生物学，古気候学などを根拠にして，かつて地球には巨大な陸塊が存在しており，それが分裂して別々になり，現在の大陸の位置と形状になったとするものである。ただし，この説はすんなりと受け入れられたわけではない。批判の矢面に立たされたおもな理由は，大陸が移動する営力を十分に説明できなかった点にある。大陸移動説が見直されるようになったのは，大洋底の形成年代が明らかになってからであり，同時に大陸の移動過程が詳細に復原されるようになった（図 2-3）。ペルム紀には地球上の大陸はほぼ 1 つにまとまっており，これを超大陸パンゲア（Pangaea）と呼ぶ。上述したニューヨークの岩盤はパンゲアの中央部で形成されたと考えられている。パンゲアはやがてローラシア（Laurasia）大陸とゴンドワナ（Gondwana）大陸に分裂し，間にはテチス（Tethys）海が広がった。そして，各大陸はさらに移動して，現在の大陸と海洋の分布が成立した。

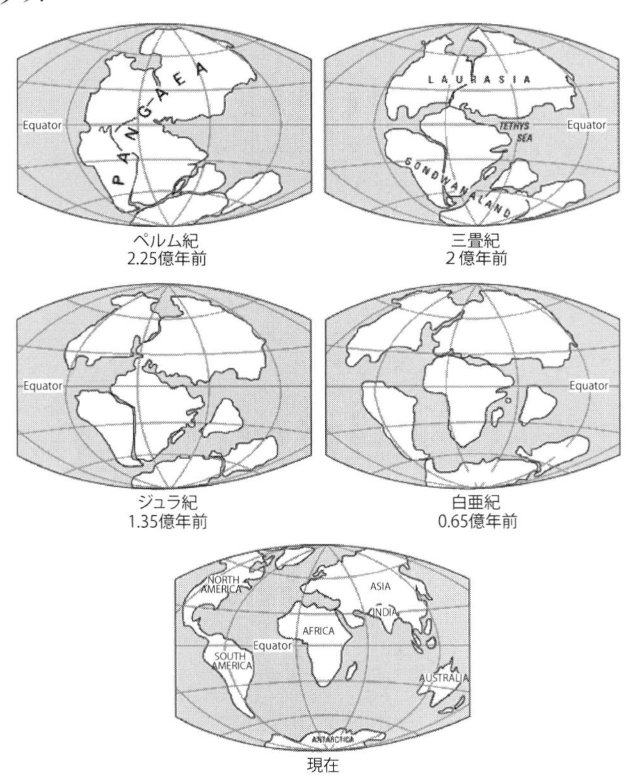

図 2-3　大陸の移動（USGS の資料より作成）

現在，地球の内的営力による地形変化を最も合理的に説明できるのがプレートテクトニクス理論である。プレートテクトニクスとは，地球の様々な変動の原動力を地球の全表面を覆う十数枚の厚さ数十 km ほどのプレート（岩盤）の運動に求め，そのプレートの境界部に様々な変動が生じることにより，地震や火山噴火をはじめとする様々な地学現象を統一的に解釈しようという考え方である。

プレートはそれぞれ別々の方向に年間数 cm 程度の速度で移動しており，プレート境界ではプレートが離れあったり，近づきあったり，すれ違ったりする（図 2-4）。プレートが離れあう（広がる）境界では，大西洋中央海嶺や東太平洋海膨（かいぼう）などの海底山脈が形成され，その中に裂け目が形成される。また，近づきあう（せばまる）境界ではプ

❀
テチス海は現在の赤道付近に位置し，温暖な気候により石油や天然ガスの元となる植物プランクトンが大量に発生していた．ジュラ紀から白亜紀にかけては，中東地域で硬石膏が発達し，油田やガス田を形成する条件が整った．

❀
プレートテクトニクスについては『地誌学』第 14 章でも触れている．

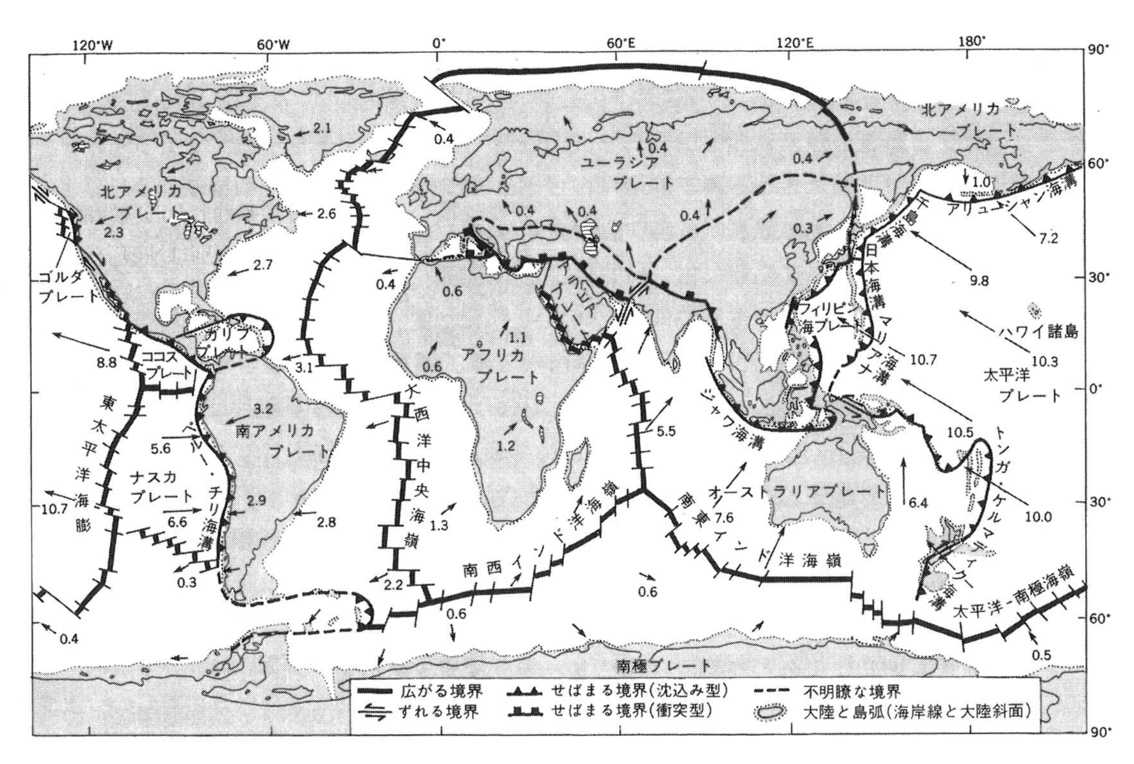

図 2-4　プレートの分布（貝塚 1997）　矢印はプレートの絶対運動の方向と速度（cm / 年）

レート同士が衝突して山脈が形成されたり，一方が他方に沈み込んで，海溝や弧状に配列した島々が形成されたりする。すれ違いのずれる境界は，トランスフォーム断層と呼ばれる横ずれ断層である。以上のプレート境界付近は，地震や火山活動が生じる場となる。一方，プレートの境界部以外は比較的安定しており，変動の少ない安定した大陸や大洋底を形成している。

❀
断層については第13章を参照のこと．

4．プルームテクトニクス

従来のプレートテクトニクスは，マントル上層部分の動きが地殻変動に影響を与えるとされていたが，最近では下部マントルで生じる緩やかで大規模な熱対流が想定されている。この運動は，プルームテクトニクスと呼ばれる。

❀
マントルは地殻と核の中間層で，地球の体積の8割超を占める．かんらん石のような固体からなるが，高温で緩やかに流れる性質を持つ．

プレート同士が近づきあう地域において，沈み込んだプレートはスラブと呼ばれているが，深さ数百 km のところにたまって，下部マントルへと崩落していく（図 2-5）。落下の反流として，核とマントルの境界から熱いマントルが上昇する。それがプルームと呼ばれるものである。一般にマントルの中で，温度が高く溶けて密度が小さくなり上昇する傾向のある部分をホットプルームと呼んでいる。逆に冷たくて密度の大きな物質が下降するものは，コールドプルームと呼ばれている。それらのうちで大きなものをスーパープルームと呼んでおり，直径 1000 km にも及ぶものである。このような全マントルを鉛直方向に大規模に循環するプルームが地球史の中で大きな役割を果たしてきており，プレート運動の原動力として超大陸を分割したりする構造運動がプルームテクトニクスである。

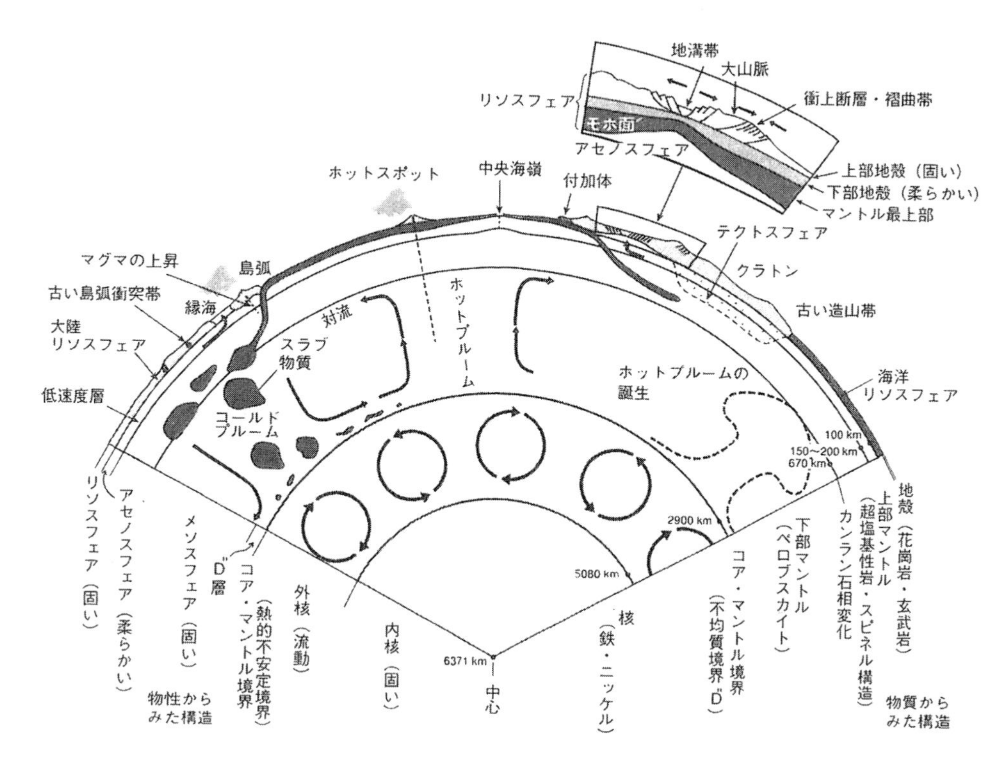

図 2-5　地球の構造とダイナミックス（平 2001）
物質からみた構造（右側）と物性からみた構造（左側）

5. 内的営力によって生じる地形

地球の表面に作用して，それを変位，変形させて地形をつくる力を「営力」と呼ぶ。営力には地球の内部から作用する内的営力と，外部から作用して地形を変化させる外的営力とがある。

内的営力には，火山活動，地震，地殻変動がある。内的営力によって新たに火山が出現したり，地震によって断層や急激な隆起，陥没，山崩れが生じたりして，地形に著しい変化を与える。また内的営力による造山運動によって断層，褶曲（図 2-6）などを生じながら山地が形成され，造陸運動によって広い範囲にわたり徐々に隆起，沈降が行われて地形に変化を与える。

図 2-6　褶曲の様子（徳島県鳴門市）

6. 地溝帯の形成－離れあう場所

上述の通り，プレートが離れあう境界はおもに大洋底にみられ，海嶺や海膨を形成している。またプレート境界以外では，東アフリカを南北に走る地溝帯のような事例も認められる。この東アフリカ大地溝帯や西アジアを南北に走る死海地溝帯では，初期人類の化石が多く見つかっている（図 2-7）。それら人類の誕生の地は，地球上でも最も活発な内的営力が生じている地域の 1 つである。数千 km に及ぶ谷の形

✻ 海膨は，大洋底にそびえる幅の広い高まりで比較的傾斜が緩やかで平らな側面を持つのに対し，海嶺は傾斜が急な斜面を持つ幅の狭い高まりである.

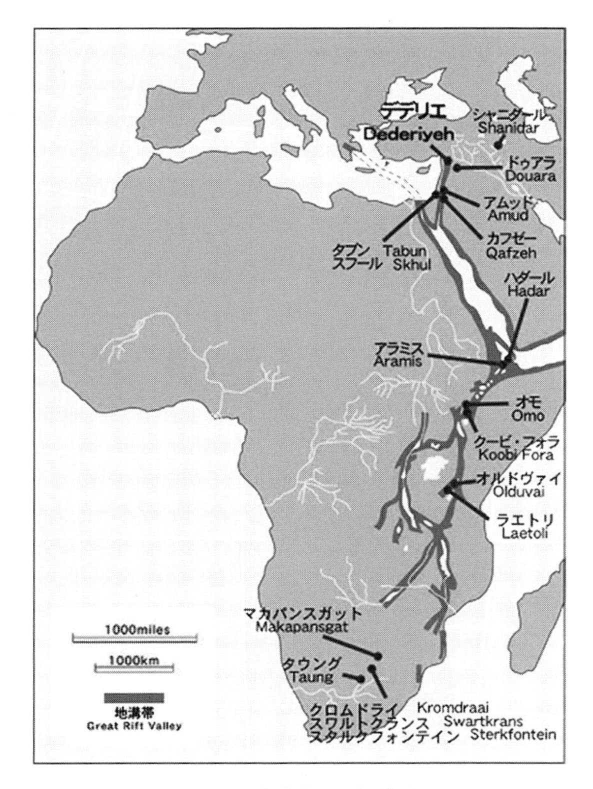

図 2-7 地溝帯と人類遺跡
（高知工科大学・総合研究所博物資源工学センター HP）

成は 1000 万～ 500 万年前に始まったと考えられている。この辺りにはマントルの上昇流，すなわちホットプルームが存在していることが確認されている。それが大地溝帯周囲の地殻を押し上げ，さらに地殻に当たったホットプルームが東西に流れることで，アフリカ大陸東部や西アジアを東西に分離する力につながっていると考えられている。このため地溝帯では，中央部に巨大な谷，周囲に高い山や火山が存在する。

7. ヒマラヤ山脈の誕生－近づきあう場所

世界で最も標高の高いエベレスト（8848 m）の山頂付近では海の生物の化石が発見されている。これには，ユーラシアプレートとオーストラリア（インド・オーストラリア）プレートの動きが関連している。もともとインド半島はゴンドワナ大陸の一部であったが，1 億 5000 万年前にインド半島をのせたオーストラリアプレートは北へ進み始め，4500 万年前にインド半島とユーラシア大陸は衝突した。衝突地域はもともと海域であったが，隆起によって 8000 m を超える場所まで海の地層が持ち上げられたのだ。

❀ エベレストの標高は，地殻変動の影響で変化している.

エベレストを擁するヒマラヤ山脈の隆起は，大気循環にも大きな影響を与えた。ヒマラヤ山脈やチベット高原が大気の流れの障壁となって，偏西風（ジェット気流）が大きく蛇行した。それによって東南アジアから日本まで湿り気を乗せて吹きわたるアジア・モンスーンが誕生し，現在につながるモンスーンアジアが形成された。一方，ヒマラヤ山脈やチベット高原の北側では寒冷な乾燥地帯が成立した。

❀ 気候については，第 7 章を参照のこと.

図 2-8 サンアンドレアス断層（撮影：USGS）

8. サンアンドレアス断層－すれ違いの場所

地中のある面を境に地盤の相対的なずれが存在する場合，これを断層という。そのなかでも，地殻の一部分に水平方向のずれが生じた場所を横ずれ断層と呼ぶ。最も有名なのは，アメリカ合衆国のカリフォルニア州南部からサンフランシスコの北側にかけて伸びるサンアンドレアス断層（San Andreas Fault）で，全長はおよそ 1300 km に及ぶ（図 2-8）。

サンフランシスコ周辺では，西部開拓時代から地震が多いことが知られていたが，1906年には地震によって街が壊滅した。また，1994年にはロサンゼルスが地震被害を受けている。

断層が水平方向に動く原因は，北アメリカ大陸プレートの下で太平洋の地殻プレートが北西方向に移動しているためと考えられている。

コラム：ダイヤモンドの見つかる場所

ダイヤモンドが産出する地域は限られており，おもな鉱床はアフリカ，オーストラリア，シベリア，カナダなどに存在する．いずれも地質学的に古く，非活動的な冷えた（熱活動がおさまった）大陸地域である（図2-9）．

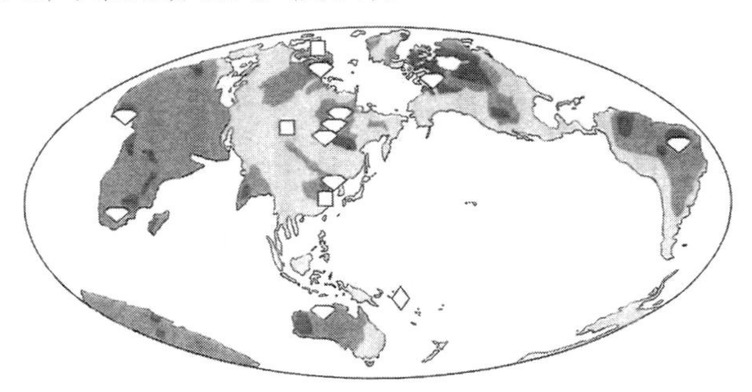

図2-9　主要なダイヤモンドの産地と地殻の年代（松原 2006）

ダイヤモンドは地球の地表面下深く（140～250 km）の高温・高圧の場所で，炭素原子が強固に結合することによって生じると考えられている．地中のダイヤモンドは，火山活動によるマグマの急速な上昇によって地表面近くまで運ばれる．その際に形成されるダイヤモンドを含む岩石は垂直に延び，円筒状を呈することから「キンバーライトパイプ」と呼ばれる．風化や侵食に耐えて残ったキンバーライトパイプでは，大規模な露天掘りや坑内掘りが行われる．南アフリカ共和国で1860年代に見つかったダイヤモンド鉱山は，白亜紀後期の8400万年前に噴き出して形成されたキンバーライトパイプと推定されている（図2-10）．

従来，日本列島のような新しい地質からなる地域からは，ダイヤモンドが産出することはないと考えられていた．しかし近年，愛媛県で採取された岩石中にごく微量の天然ダイヤモンドが含まれていることが報告された．

図2-10　キンバリーでは，1871年にキンバーライトパイプ（直径450 m）が発見され，露天掘りの採掘がはじまった（諏訪 2006，日本地質学会News,Vol.19,No.7）

（小野映介）

鉱産資源については『人文地理学』第3章を参照のこと．

ダイヤモンドについては，ローマ時代の『プリニウスの博物誌』に記述があり，古くから人々を魅了していたことが分かる．

3 火山噴出物と地形

1. 火山と神話・信仰

古来より，人々にとって火山噴火というのは恐ろしい現象であり，火山は畏怖(いふ)または信仰の対象とされてきた。例えば，ギリシャ神話において炎と鍛冶(かじ)の神として知られるヘファイストスは，火山の神でもあり，地中海周辺における活発な火山活動のもとで崇拝されてきた（図 3-1）。その他にも，ハワイ諸島における女神ペレをはじめとして，火山にかかわる神話は世界各地に存在する。また，日本でも富士山や御嶽山(おんたけさん)（長野県・岐阜県）など火山は信仰の対象となっている。

❀ ヘファイストスは，ローマ神話ではウゥルカーヌス（Vulcānus）に相当し，英語の火山（Volcano）の語源となった．

図 3-1　ヘファイストス（左）とテティス
（「鋳造の画家」絵付けによる杯（部分図）．ベルリン古代コレクション F2294　BC490 〜 480 年頃）

火山噴火については，自然災害としての側面からとらえられることが多いが，ここでは防災・減災のための正しい基礎知識の獲得を目的として，自然科学的な見地から火山噴出物と，それによって形成される地形についておもに解説する。

❀ 自然災害としての火山噴火については，第 13 章を参照のこと．

❀ 火山の恵みについては『地誌学』第 12 章を参照のこと．

2. 火山とは

地下深部で発生したマグマが溶岩となって地表または水中に噴出したり，火山ガスや火山砕屑物などが飛び出したりする現象を「噴火」という。また，この噴火によって形成された地形のことを「火山」という。そのうち，概ね過去 1 万年以内に噴火した火山および現在活発な噴気活動のある火山は「活火山」と呼ばれる。なお,「死火山」や「休火山」といった用語は，火山の詳しい活動史が明らかになるにつれて適切ではないことがわかってきたので，専門家の間では使われていない。

地球上には約 1500 の活火山があるとされており，その大半が環太平洋に分布している。活火山の数が多い国としては，アメリカ合衆国，ロシア，インドネシア，日本，チリなどが挙げられる。このうち，日本には世界の活火山の約 1 割が存在しており，世界有数の火山国と言える。

3. 火山ができる場所

世界の活火山分布をみてみると，限られた地域にあることがわかる（図 3-2）。世界の活火山の分布は，①プレートの境界である海嶺，②プレートの境界である海溝沿い，③プレート内のホットスポットに大別することができる。

❀ プレートテクトニクスについては，第 2 章を参照のこと．

海嶺は，プレート同士が離れあう境界であるとともに，プレートが形成される場所である。海嶺では，玄武岩質のマグマを大量に噴出し，火山が列を成している。それ

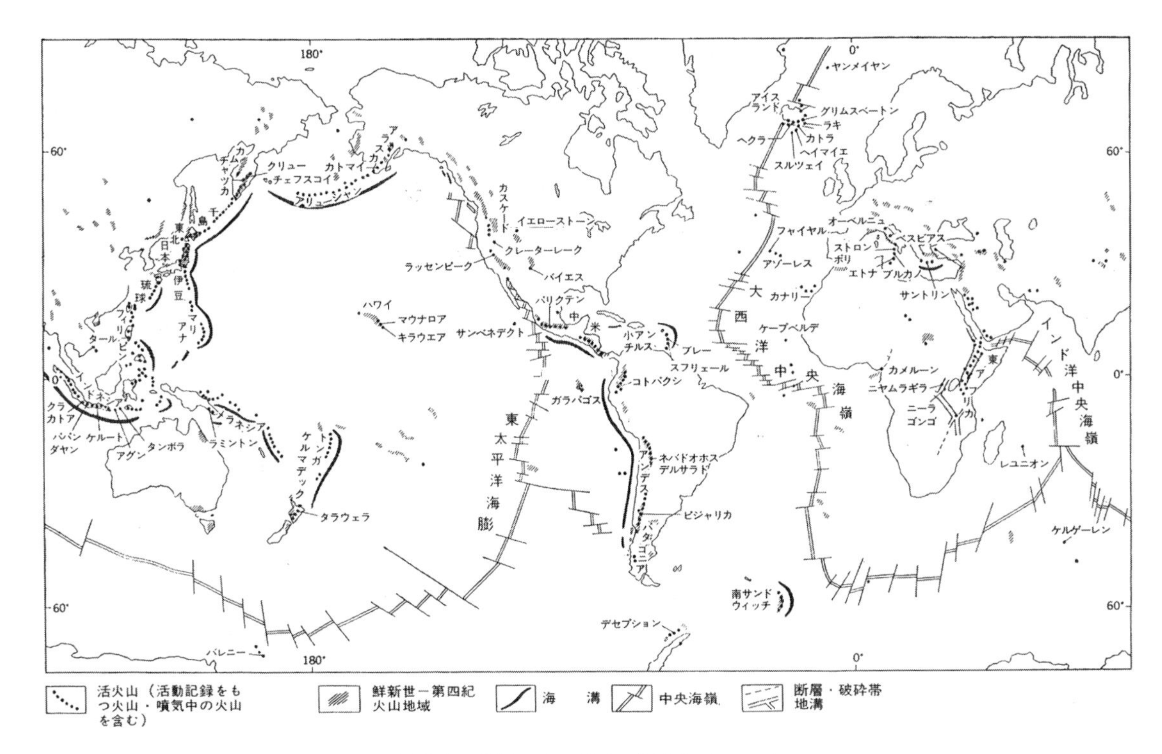

図 3-2　世界の火山分布（貝塚ほか 2019）

らの大半は海底に存在するので，噴火の様子を観察することは難しい。ただし，アイスランドは海嶺が地上に現れており，プレート同士が離れていくすき間を埋めるようにマグマが上昇して火山が形成される様子が見られる。

プレート同士が近づきあう海溝沿いにおける火山の形成を理解するには，日本列島周辺を事例とするのが適当である。日本列島の活火山の分布をみると，規則性があることに気が付く（図 3-3）。日本列島周辺における活火山の形成は，太平洋プレートやフィリピン海プレートの沈み込みにともなうマグマの生成に規定されている。前者による火山地帯を「東日本火山帯」，後者のそれを「西日本火山帯」と呼ぶ。

図 3-3　日本列島のおもな活火山
（洞爺湖有珠山ジオパーク HP）

太平洋プレートやフィリピン海プレート上面には，海水と反応して水を含む鉱物が多く含まれる。このようなプレートは，日本列島の下に沈み込むにつれて高温・高圧になる（図 3-4）。その際，プレートの中に含まれていた水が徐々に染み出し始める。この水の存在によって岩石が融け始める温度は通常よりも下がり，マントルの部分溶融（ようゆう）が生じ，マグマが生成される。マグマは周囲の岩石より軽いので上昇し，マグマ

※ アイスランドの大地溝帯は，現地語で「裂け目」という意味の「ギャオ」と呼ばれる.

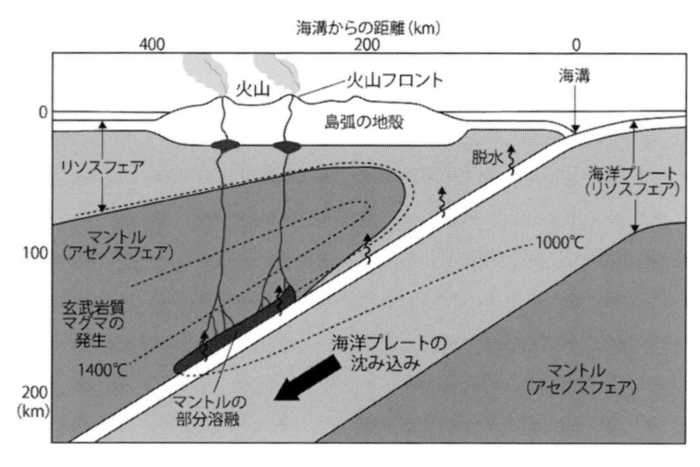

図 3-4 日本列島周辺における島弧－海溝系のモデル(巽 1995 より作成)

だまりに蓄えられるなど様々な作用を受けて地表や海中に噴出し，火山が形成される。そのため，海溝にほぼ平行に火山が分布することとなり，この火山分布の海溝側の境界を画する線を火山フロントと呼ぶ。

一方，プレートの境界以外で火山が形成される場所としてホットスポットがある。ホットスポットとは，マントルの上昇流によってマグマが生成され，プレートの孤立した地点で火山活動が生じているところを示す。ホットスポットの形成については，近年，マントル内の大規模な対流運動（プルーム）に注目したプルームテクトニクスの観点から研究が進められている。ホットスポットは，ほとんど場所が変わらないという性質があるため，その上をプレートが通過すると，火山島の列が形成される。ハワイ諸島はホットスポットに関連して形成された代表的な火山島で，オアフ島のような北西の島ほど形成された時代が古く，ハワイ島のように南東の島ほど火山活動が活発であるという特徴がある（図 3-5）。また，陸上のホットスポットとしては，アメリカ合衆国のイエローストーンやアフリカの大地溝帯などがある。

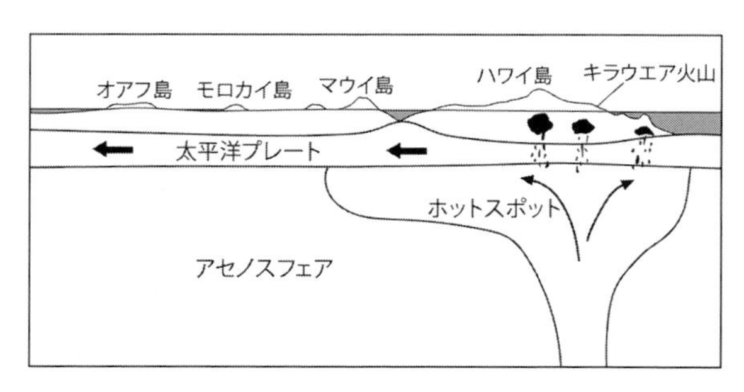

図 3-5 ハワイ諸島の形成とホットスポット
(Simkin et al. 2006 より作成)

❀ プルームテクトニクスについては，第 2 章を参照のこと.

❀ 東アフリカ大地溝帯では，ニーラゴンゴ山（コンゴ）で活発な火山活動がみられる.

❀ 火山噴火物のうち，溶岩をのぞくものをテフラという.

4. 火山噴出物

火山噴火によって生じる火山噴出物は，気体，液体，固体の 3 種類に分けることができる。

気体状態で噴出するのは，火山ガスである。火山ガスとは，マグマの中に溶解していた揮発性成分が分離して，火山の火口や噴気孔から放出される気体成分のことである。その温度は，水の沸点以下の低温のものから 1000 ℃を超える高温のものまである。火山ガスは，水蒸気，二酸化炭素，二酸化硫黄，硫化水素，塩化水素，フッ化水素，水素など多種の成分を含んでいるが，水蒸気で占められることが多い。高温の火山ガス成分に含まれる二酸化硫黄や塩化水素などの酸性ガスは，有毒である。例えば 2000 年から 2005 年まで伊豆諸島の三宅島（東京都）島民が全島避難を余儀なくされたのは，大量の火山ガス（特に二酸化硫黄）の放出によるところが大きい。

液体状態で噴出するのはマグマを起源とする溶岩である。それが地面の上を流れ始めると溶岩流と呼ばれる。活発な活動の続くハワイ島のキラウエア火山では，溶岩流を間近に見ることができる。

固体で噴出するのは火山砕屑物（さいせつぶつ）であり，火山灰，火山礫，火山岩塊，軽石などが挙げられる。なお，火山噴火時には火山砕屑物と火山ガスが混じりあって火山の斜面を急速に流下する場合があり，火砕流と呼ばれる。火砕流は，火山砕屑物をほとんど含まない熱風の部分（火砕サージ）が先端にあり，地形にあまり影響されずに移動するため，流下速度は時速 100 km を超え，到達距離は数十 km に達することもある。1990 年から 1995 年に長崎県の雲仙岳（うんぜんだけ）火山噴火ではたびたび火砕流が発生し，人的被害も生じた（図 3-6）。

図 3-6　雲仙岳全景（2007 年）（気象庁 HP）

ところで，火山砕屑物は大雨などの水流によって二次的に移動することがあり，それを火山岩屑流（がんせつりゅう）（ラハール）と呼ぶ。1991 年のピナトゥボ山（フィリピン）噴火後，火山周辺では大規模な火山岩屑流が発生し，多くの家屋や田畑が埋没した。

5. 様々な噴火様式と火山地形

火山の形態を決める重要な要素は，マグマの性質である。一般的に，高粘性で容易には移動しにくいデイサイト質・流紋岩質マグマの噴火は爆発的で，頻度は比較的低い。多量のガスと火山灰を瞬時に放出するプリニー式と呼ばれる爆発的噴火では，火口を大きく破壊したり，陥没したりしてカルデラの地形をつくる（図 3-7）。大規模な火砕流噴火が生じた際には，周辺に火山灰などが堆積して火砕流台地を形成する。

プリニー式噴火：古代ローマの博物学者ガイウス・プリニウス・セクンドゥス（大プリニウス）と甥の小プリニウスによる AD79 年のヴェスヴィオ火山（イタリア）の噴火に関する記述にちなんで命名された．

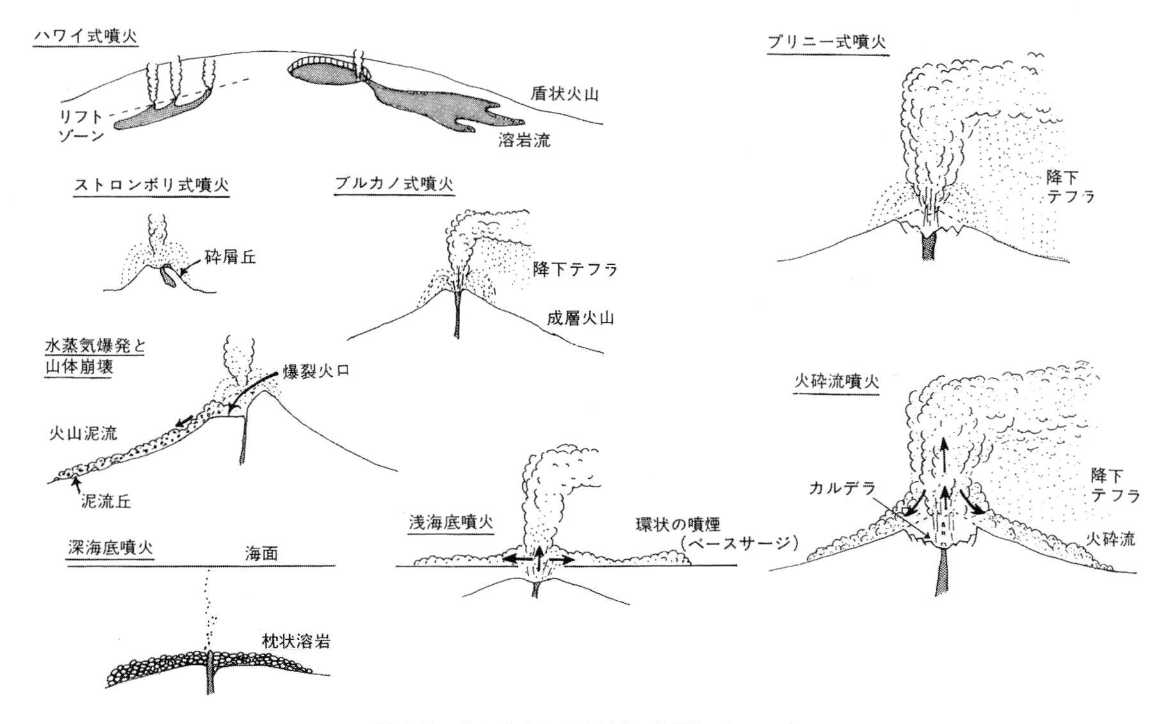

図 3-7　噴火様式と火山地形（貝塚ほか 2019）

❀
カルデラとは急な崖で囲まれている円形の陥没地形．火山が大規模な噴火を起こすときに火口付近に形成される．

❀
1888 年の磐梯山噴火：小磐梯山の大半の山体が崩壊し，岩屑なだれが発生した．岩屑なだれは山麓の集落を覆い尽くし，河流を堰き止めて五色沼などをつくった．

図 3-8　桜島のブルカノ式噴火
（京都大学防災研究所附属火山活動研究センター桜島観測所 HP）

なお，火口部にマグマが溶岩となって現れるときには，溶岩ドームがつくられる。

一方，低粘性で流動性に富む玄武岩質や安山岩質マグマの噴火は，それほど爆発的ではなく，頻度は比較的高い。そのため，ハワイ式と呼ばれる大量の溶岩の流出活動や，ストロンボリ式と呼ばれる溶岩の破片を噴出する活動となり，火口が小さな火山錐（すい）や楯状の火山，あるいは小型の砕屑丘が形成される。なお，マグマが玄武岩質〜安山岩質であっても，地下水，海水や湖水，積雪，氷河などに接触して多量の水をガス化した場合には，水蒸気爆発を起こして山体崩壊を誘発する。水蒸気爆発の例としては 1888 年の福島県磐梯山（ばんだいさん）噴火が挙げられる。

これらの中間的性質を持つのが，安山岩質マグマの噴火である。ブルカノ式噴火と呼ばれ，溶岩の噴出を中心とした比較的穏やかな活動と火山灰噴出の多い爆発的活動とが交錯しながら，山体を形づくる（図 3-8）。

なお，火山噴火は陸上のみで生じるものではない。海底噴火では，高温の溶岩が海水に触れることによって，枕状溶岩からなる地形が形づくられることがある。

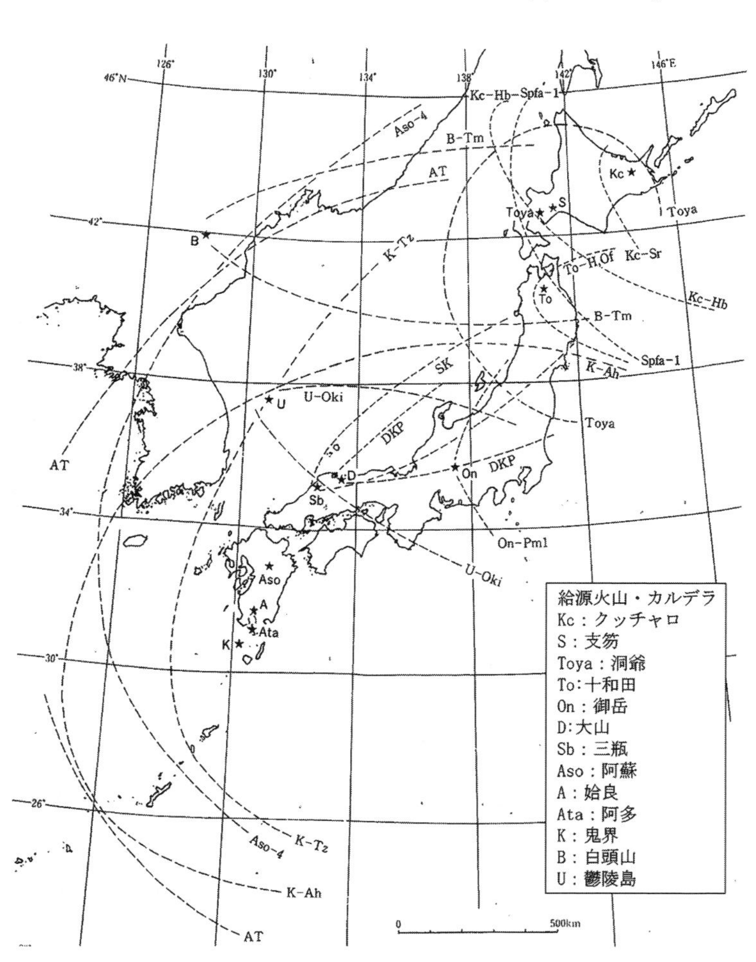

図 3-9　日本列島周辺のおもな火山と火山灰の分布（町田・新井 2003）

6. 日本列島周辺における大規模噴火

地球上で最も火山活動が活発な地域の 1 つである日本列島周辺では，過去に大規模な火山噴火が生じてきた。火山噴火の規模は，0 から 8 までの火山爆発指数（VEI：Volcanic Explosivity Index）で表され，日本列島周辺では 10 万年前以降に VEI7 の超巨大噴火が 3 度生じたことが明らかになっている。九州および南西諸島で起こった阿蘇 4 噴火（約 8 万 9000 年前），姶良カルデラ噴火（約 3 万年前），鬼界アカホヤ噴火（約 7300 年前）である（図 3-9）。いずれの噴火も火砕流をともない，九州や南西諸島には火砕流堆積物が厚く堆積した。また，噴出された火山灰（それぞれ Aso-4，AT，K-Ah と呼ばれる）は日本列島の大半の地域で確認することができる（図 3-10）。

図 3-10　京都盆地における姶良 Tn（AT）火山灰の検出状況

さらに，歴史時代にも VEI5 以上の規模の噴火が生じている。西暦 900 年代には現在の中国・北朝鮮国境に位置する白頭山（長白山）が噴火し，火山灰が日本の東北地方や北海道に達した。また，915 年には現在の青森・秋田県境に位置する十和田火山，1667 年に北海道の樽前山，1707 年に富士山で大規模な噴火が起こった。

日本を代表する富士山は，「噴火のデパート」と言われており，過去の噴火史を紐解くと実に多様な火山活動が起きていることがわかる。1707 年の宝永噴火では 1 万 m 以上の高さまで火山灰を噴き上げたが，864 年に始まった貞観噴火では数 km におよぶ割れ目から大量の溶岩を流した。また，火砕流を生じさせたことや山体崩壊を起こしたこともある。先述したように，火山の形態はマグマの性質や噴火様式によって決まるが，富士山の形成過程は，必ずしも単一の噴火様式で火山が形づくられるのではないということを示してくれる。

❀ VEI とは火山の噴火規模を示す尺度であり，火山が噴火した際の噴出量に基づき定義される．

❀ 火山灰は偏西風の影響を受けて，火山の東側の地域に広く堆積する場合が多い．

7．巨大噴火と人類

現生人類がアフリカで誕生し，世界各地へ拡散する過程で生じた最も規模の大きな火山噴火は VEI8 のトバ火山（インドネシア）噴火と考えられている。約 7 万 3000 年前に生じた巨大噴火によって地球規模の気候変動が起こり，陸地の大部分に寒冷化を引き起こし，人類に多大な影響を及ぼしたとする説（トバ・カタストロフ理論）がある。

一方，日本列島における現生人類の居住は，後期旧石器時代の前半（約 4 万年前）までに始まっていたと考えられているので，先に述べた姶良カルデラ噴火や鬼界アカホヤ噴火によって，とりわけ九州や南西諸島に生活していた人々は大打撃を受けたはずである。

近年も世界各地で火山噴火は生じている。火山噴火は，地球の地形形成過程の 1 つの出来事に過ぎないが，そこに居住する人々にとっては「災害」となる。今後，地球上で起こり得る最大規模の噴火としては，アメリカ合衆国のイエローストーン国立公園に位置する火山帯が注目されている。当地では過去に VEI8 の破局噴火を繰り返しており，現在も地中に巨大なマグマだまりが存在することが確認されている。火山噴火については，自然科学的に解明されていない点も多い。減災のためには，過去の火山噴火による噴出物や地形から，火山の特徴を明らかにすることが必要となる。

（小野映介）

❀ イエローストーンは 60 万 ～ 70 万年ごとの周期で巨大噴火が生じており，約 210 万年前，約 130 万年前，約 64 万年前の噴火が知られている．

4　地表の変化－風化・侵食・土壌化

1. クイーンズヘッドの運命

台湾最北端近く，新北市万里区の臨海部に位置する野柳地質公園には，自然がつくりだした奇岩が点在する。そのなかで最も有名なのは，クイーンズヘッド（女王頭）と呼ばれる高さ 3 m 弱の岩である（図 4-1）。この岩は 1960 年代前半まではキノコのような形をしていたが，岩の上部が崩壊した結果，英国のエリザベス女王の頭部に似た形になり，現在の名がつけられた。ただし，その首に当たる部分は年々細くなっており，クイーンズヘッドは崩壊の危機にある。自然がつくりだした美が，自然に失われていく。地質学的な時間感覚からすれば「一瞬の造形美」といったところであろうか。

図 4-1　クイーンズヘッド

このように，岩石がかたちを変える際には風化や侵食といった作用が働いている。大まかに言えば，風化とは岩石がもろくなることで，侵食とは岩石が削り取られることである。例えば，岩石の風化砕屑物が侵食されて河川によって運搬され，堆積すると盆地や平野が形成される。また，岩石の風化砕屑物の上に植物が定着し，植物と小動物や微生物の生活作用を通じて有機物が混入することによって，土壌化が進行する。

❀ クイーンズヘッドの首は砂岩，顔と頭は炭酸カルシウムを含む砂岩からなるとされている。

風化は，侵食・運搬・堆積といった一連の地形変化のなかで最初に起こる現象である。本章では，人間活動の舞台としての地形をかたちづくる初動としての岩石の風化と，それに続く侵食を取り上げる。また，生業において重要な役割を果たす土壌について，風化砕屑物の土壌化メカニズムという観点から解説する。

❀ 玉ねぎ状風化：岩石が玉ねぎのように同心円状に割れていくような風化．球状風化とも呼ぶ．

❀ 節理：岩石に発達した規則性のある割れ目．節理には，マグマが冷却して花崗岩へ固化する際にできる初生的なものや，地下深くにあった花崗岩が地表に近づくことで岩盤圧力が解放されてできる「シーティング」と呼ばれるものがある．

2. 風化とは

地表面
コア・ストーン（核岩）
玉ねぎ状風化
浅い
地下深度
深い
節理
ほとんどが土砂状へと変化し，一部にコア・ストーンが残る
砂状に細粒化した風化花崗岩中に新鮮な花崗岩が取り囲まれる
節理に接した部分の花崗岩で徐々に風化が進む
新鮮な花崗岩と節理

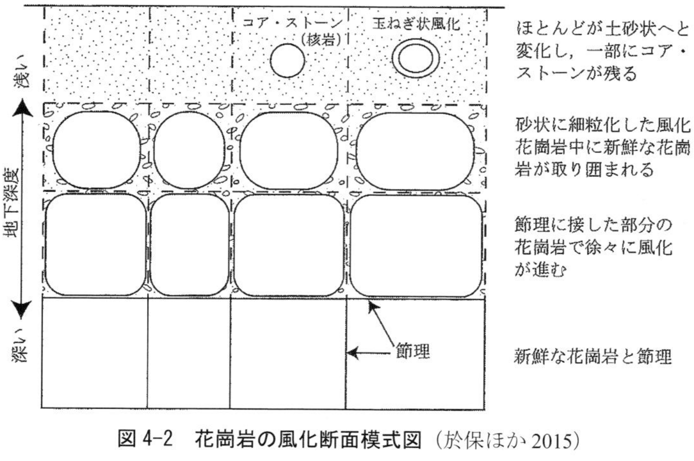

図 4-2　花崗岩の風化断面模式図（於保ほか 2015）

風化（weathering）とは，地表または地表の直下にある岩石が，大気や水にさらされて分解され，最後には粉々になる現象である。風化には，実際に岩石の粒が細かくなる物理的風化（機械的風化）と物質が変化する化学的

風化があり，自然界ではこれらが同時に進んでいる（図 4-2）。

物理的風化には，次のようなものがある。物質は温度が上がると体積は膨張し，下がると収縮する。岩石の場合は夏季や昼間に膨張し，冬季や夜間は収縮する。そのような膨張・収縮を繰り返すと，温度変化の激しい地表から次第にひびが発生し，やがて崩壊する。また，冬季に岩石中のひびに染み込んだ水が凍結すると膨張して，楔（くさび）のようになり岩石を砕く。さらに，岩石の割れ目に植物の根が入り込んで成長することで割れ目が拡大し，岩石の崩壊を招く（図 4-3）。アリやミミズなどの生物が地中で活動することも物理的風化を進める要因の 1 つである。加えて，風によって吹き飛ばされた砂や小石などがあたることによっても，岩石は削られる。

図 4-3　タ・プローム（カンボジア）
アンコール遺跡群の 1 つで，12 世紀末に建立された．人工物であるが，植物による自然岩石の風化に似た様子を観察できる．

図 4-4　燕岳（つばくろだけ）（長野県）の頂上付近
風化した花崗岩とマサ（雪のように白く見える部分）

一方，化学的風化とは雨水や地下水などに含まれる様々な物質が，岩石の中の鉱物と化学反応を起こすことによって，岩石が崩れる現象のことである。例えば，空気中の二酸化炭素を溶かした弱酸性雨，植物の根から出た酸，地下水や大気によって岩石は，酸化・加水分解・溶脱などの化学反応を起こす。岩石を構成する鉱物には，石英（せきえい）・雲母（うんも）類・長石（ちょうせき）類・角閃石（かくせんせき）類・輝石（きせき）・かんらん石などがある。石英以外は化学的風化が進みやすく，粘土鉱物になる。長石類や雲母類は水と化学反応し，カオリナイトという粘土鉱物に変化し，やがて水に流されていく。しかし，石英は化学的に安定しているので粘土化されにくく，粒として残る。そのため，花崗岩の風化物質である「マサ（真砂）」は風化されなかった石英と，雲母類や長石類が風化されて粘土化したものからできている（図 4-4）。

3．風化から侵食へ

地表の構成物質（岩石・岩屑（がんせつ）・土壌）が，雨水・河川水・氷河・風などによって現地から運び去られる現象を侵食（erosion）と呼ぶ。岩石は，新鮮で硬いままでは侵食されにくい。それが風化することにより強度を弱め，あるいは細粒化して礫（れき）・砂・泥などになり，侵食されやすくなる。すなわち，風化は侵食の準備段階としての役割を果たしており，両者は漸移的に生じる。

侵食については，摩食（ましょく）と溶食（ようしょく）に分けてとらえることができる。水や氷が地形面を移動すると，その水や氷には礫や砂が含まれる。このような礫や砂を含んだ水や氷によって，地形面が削られることを摩食と呼ぶ。例えば，干潮時の海岸に見られる波食棚（はしょくだな）

❀
浸食か侵食か？
『文部省学術用語集 地学編』および『地形学事典（二宮書店）』に準拠すると「侵食」．また，「浸（ひた）す」というよりも「侵（おか）す」という意味を重視することから「浸食」ではなく「侵食」と表記するのが適当である．

❀
ニューヨークのセントラルパークには，かつて氷河に運ばれてきた「迷子岩」が点在する.

図 4-5　日南海岸の青島（宮崎県）周辺に見られる波食棚

は摩食によって生じる典型的な地形で，波とそれによって動かされる礫や砂によって平坦面が形成される（図 4-5)。また，氷河による摩食によって生じる代表的な地形として，U 字谷が挙げられる。氷河は氷だけで構成されるのではなく，地形面を削り取る過程で多くの礫を取り込み，その礫を含んだ氷によって地形面はさらに削り取られていく。なお，風によって移動する砂が岩石や地表が削る「風食」は，風化から連続して生じる摩食の 1 つに位置づけられる。

図 4-6　溶食が進む石灰岩地形(タイ南部)

一方，溶食とは岩石が水に溶けて侵食される現象であり，石灰岩地域において顕著に生じる。サンゴや貝類などの生物の遺骸が堆積して形成された石灰岩は，酸性の水に溶けやすい（図 4-6)。そのために石灰岩からなる地域では，独特なカルスト地形が見られる。石灰岩が雨水で溶けたくぼみはドリーネと呼ばれ，その底にあり，雨水の通り道となるパイプ状の割れ目をポノールと呼ぶ(図 4-7)。また，ドリーネが大きくなったものがウバーレであり，それが大きくなったものがポリエである。保水力が乏しい石灰岩地域において，ポリエの底は例外的に水がたまるので，畑作を中心とした農業が営まれるほか，集落が発達することがある。

❀
青島の波食棚：砂岩と泥岩の互層によって構成される波食台は，潮の干満の繰り返しによる乾湿風化（スレーキング）の影響を受ける。風化の影響を受けやすい泥岩が凹部，受けにくい砂岩が凸部となる.

ところで，以上で述べた侵食とは別に，重力によって斜面の構成物質が下方に移動することをマスムーブメント（mass movement）あるいはマスウエスティング（mass wasting）という。具体的な現象としては，がけ崩れや落石などであり，それらは「自然災害」として扱われることが多いが，これらも風化から始まる一連の地形変化の中に位置づけられる。

❀
がけ崩れなどの自然災害については，第 14 章を参照のこと.

図 4-7　ポリエをはじめとしたカルスト地形の成り立ち（四国西予ジオパーク HP）

4．土壌とは

土壌（soil）とは地球の表層にあり，岩石の風化や水，風などによる運搬，堆積と生物が作用し，有機物と無機物が組み合わさって構成されたものである。土も土壌とほぼ同義である。土壌は，風化産物の最終形としてとらえることができる。地表面に露出した岩石は，雨や風，生物活動によって風化され，細かい鉱物粒子が生じる。それと同時に植物や微生物の代謝物や遺骸（いがい）が少しずつ貯まる。そのような鉱物粒子と有機物が混ざることで土壌が形成される（図 4-8）。また，風成塵（ふうせいじん），火山噴出物，沖積平野を構成する堆積物についても有機物と混ざることにより，土壌となる。

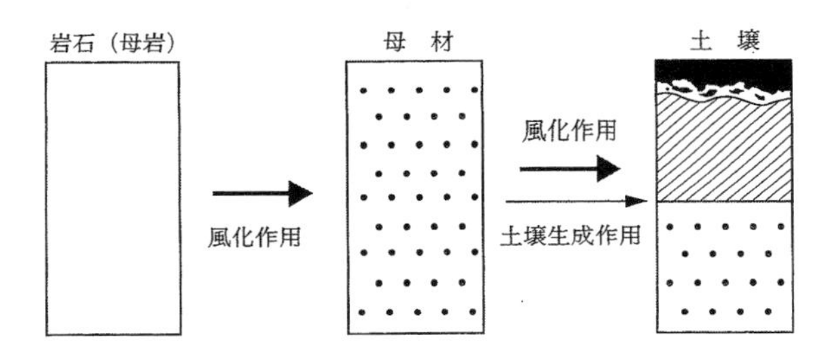

図 4-8　風化作用と土壌生成作用（大羽・永塚 1988）

5．土壌の分類と分布

土壌は基盤となる地質地形や気候に大きく左右されるので，国によっても，研究機関や個々の研究者によっても分類方法について様々な意見がある。そうした中で，おもに用いられているのは FAO（国連食糧農業機関）や USDA（米国農務省）の分類である。それらをまとめたものが図 4-9 であり，土壌は 12 種に分類される。

土壌分類を肥沃度（農作物の生育の場を提供し，農産物の品質と収率を一定以上の水準で持続させる土壌の性質）の観点から整理すると，チェルノーゼム（黒土），粘土集積土壌，ひび割れ粘土質土壌が高い。これらは，いずれも中性に近い土壌である。土壌にも酸性，中性，アルカリ性という 3 つの性質があり，酸性だと栄養分が流されてしまいやすく，アルカリ性だと塩分が蓄積する。中性の土壌は作物に栄養分が届きやすく，よく育つので肥沃である。

氷期に氷河や氷床が地表面を削って，その細かい砂が風に運ばれて積もったレスには，カルシウムなどのミネラルが豊富に含まれており，北米プレーリー，ウクライナ，中国の黄土高原に分布する。そこには，レスを母材としたチェルノーゼムや粘土集積土壌が発達している。

チェルノーゼムとは，ロシア語の「チェルノ（黒い）」と「ゼム（土地）」に由来する。

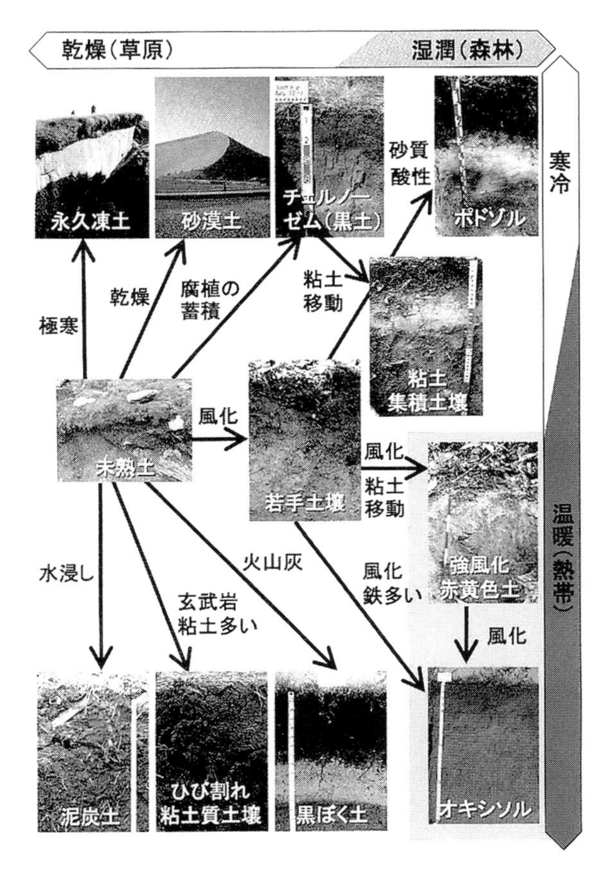

図 4-9　土壌分類と環境（藤井 2018）

本来，チェルノーゼムとはウクライナからシベリア南部にかけてのポントス・カスピ海草原に分布する黒土を指すが，世界中に分布する同様の土壌も，その名で呼ばれるようになった。チェルノーゼムの形成には，気候が大きな影響を及ぼす。例えばウクライナの平均降水量は日本の半分以下で，雨が少ないので森よりも草原が多い。草の葉や根は秋になると枯れて土に戻るが，冬には雪が土を覆うために分解はゆっくり進み，土の中に養分が残りやすい。チェルノーゼムは「土の皇帝」とも呼ばれ，ウクライナは，大麦，小麦，トウモロコシ，油の原料となるヒマワリの種などの世界有数の産地となっている。なお，レス起源の土壌が必ず肥沃になるわけではない。レスが発達するロシアの亜寒帯針葉樹林（タイガ）の下では，降水による強い洗脱を受けカルシウムやマグネシウムなどの塩基類や粘土が表土から失われ，肥沃度の劣るポドゾル（灰白土）が生成される。

❀ チェルノーゼムの恩恵を受けてきたウクライナでは，近年，風や水による土壌侵食が進むとともに，誤った施肥により地力に衰えがみられる．

粘土集積土壌は，砂の多い表土と粘土の多い下層土の二層構造を持つ。やや酸性ではあるが，下層の土壌は養分を多く含んでいるため，耕せば豊かな牧草地や小麦畑となる。

ひび割れ粘土質土壌は，おもにインドのデカン高原に分布しており，現地名（ヒンディー語）でレグールとも呼ばれる。その母材は，過去に生じた火山噴火によってできた溶岩（玄武岩）が削られたもので，ミネラルが豊富に含まれている。黒色を呈するが有機物含量は少なく，色の主因は細粒の含チタン磁鉄鉱である。スメクタイトと呼ばれる伸び縮みする粘土が多いため，ひび割れを起こしやすく，自然耕耘（こううん）が起こる。デカン高原では，肥沃な土壌の下で綿花や落花生が栽培されている。

❀ エジプトの国土の大半は砂漠土からなるが，ナイル川の沖積平野には，ひび割れ粘土質土壌が広がる．ヘロドトスが「エジプトはナイルの賜物」と指摘した通り，ナイル川で毎年生じる氾濫は，肥沃な土壌の形成と農業生産の向上に寄与してきた．しかし，1970 年のアスワンハイダムの建設以降，土壌は疲弊するとともに塩害が生じるようになった．

一方，世界には肥沃度の低い土壌が分布する地域もある。熱帯および暖温帯地域には，栄養分の乏しい酸性土壌の強風化赤黄色土が広がっている。熱帯雨林では落ち葉や枯死した根の土壌への供給量は多い。しかし，微生物（特にキノコ）の分解能力が高く，落ち葉や腐植は速やかに分解され，腐植が蓄積しにくい。さらに，大量の雨も土壌の養分を押し流してしまう。熱帯雨林を切り開くと，なかなか元には戻らないのは，そのためである。

また，地質の古い南アメリカ大陸とアフリカ大陸には鉄・アルミニウム酸化物の残留したオキシソルが分布している。オキシソルは，多量の鉄さび粘土が有機酸を吸着して取り去ってしまう。そのため，あらゆる栄養分が失われた末に，アルミニウムや鉄さび粘土だけが残った土壌となり，肥沃度は低い。

6. 日本の土壌

上述したように世界の土壌は 12 種類に区分できるが，日本列島に分布するのはおもに 4 種類である。日本列島の地形は山地と台地と沖積平野に大別され，それぞれの地形に対応した土壌がみられる。

山地の森林の下には，茶色い土壌の発達が認められる。それが若手土壌（褐色森林土）で，山地斜面の広葉樹林下に良くみられる。若手土壌は土壌中の水分と温度とのバランスが良く，樹々の落葉・落枝がカルシウムやマグネシウムの塩基類に富むことから微生物や土壌動物の活動に適している。

一方，台地には過去の火山活動によって降ってきた火山灰が積もっていることが多い。これが黒ぼく土（火山灰土壌）で，日本列島に分布する土壌の約30％を占める。黒ぼく土はチェルノーゼムと同様に腐植を含むために見た目が似ているが，性質は異なる。黒ぼく土に含まれる粘土鉱物はアルミニウムの比率の高いアロフェンというもので，これは腐植と強く結びつく。そのため，腐植が含まれているとはいえ作物の栄養に供することは少ない。ただし，黒ぼく土は耕しやすく，水はけや水もちが確保されやすいことから，その分布域は根菜類の産地となっていることが多い。

また，沖積平野には河川が洪水を起こしたり，がけ崩れが起きたりして堆積した砂や泥が認められる。それらは新しい材料（母材）が堆積しただけで，土壌があまり発達していないので未熟土または沖積土と呼ばれる。さらに，沖積平野の中でも水はけの悪い湿地帯にできるのが泥炭土である。

❀
泥炭土（peat）は家庭用燃料としてだけでなく，ウイスキー造りでも原材料となるモルトを乾燥させる燃料として使われてきた．これがウイスキーの「スモーキーフレーバー」のもとになる．

7．成帯土壌と間帯土壌

高等学校では，世界に分布する土壌について成帯土壌と間帯土壌という概念による分類を学ぶ。ここでは，その分類について触れておく。

成帯土壌とはケッペンの気候区分に沿って分布する土壌で，気候と植生の影響を強く受けて生成され，ほぼ東西に帯状になって分布する。気温が高いのか低いのか，多湿なのか乾燥しているのかによって，生成される土壌の特徴は変わる。また，気候区分は植生の分布を決め，動植物が分解されてできた有機物が混ざって土壌が形成されるので，植生は土壌に影響を与える。それを踏まえた分類として，熱帯・亜熱帯地域のラトソル，湿潤亜熱帯の赤黄色土，乾燥の栗色土や砂漠土，温帯の褐色森林土，冷帯（亜寒帯）のポトゾル，シベリアやアラスカのツンドラ地帯に分布するツンドラ土などがある。

一方，間帯土壌はおもに母岩の性質の影響が強く，局地的に分布する土壌である。先に述べたレグールのほか，地中海沿岸の石灰岩が風化してできたテラロッサ，ブラジル高原南部の玄武岩や輝緑岩が風化したテラローシャなどがある。日本列島の関東ローム層やシラスといった火山灰土も間帯土壌である。

❀
成帯土壌と間帯土壌といった分類は，研究者はあまり使わないが，初学者が世界の土壌を学ぶには有益である．

❀
土壌の分類と分布は『人文地理学』第4章の農業と関連する．

❀
関東ローム（層）については，第5章を参照のこと．

8．土壌をめぐる問題

比較的肥沃な，チェルノーゼム，粘土集積土壌，ひび割れ粘土質土壌は，地球の陸地面積の11％を占めるに過ぎない。残りの89％は肥沃とは言い難く，農業を行うには施肥をはじめとした様々な工夫が必要となる。

現在，世界的規模で土壌劣化が拡大している。土壌劣化とは，土壌侵食（風食や水食），土壌有機物の損失，養分不均衡，土壌酸性化，土壌汚染，湛水（たんすい），土壌圧密，土壌被覆（コンクリートやアスファルト），塩類集積（塩害），土壌生物多様性の減少などの総称である。FAOは「人類はもうこれ以上，必要不可欠な資源（土壌）をあたかも無尽蔵であるかのように扱うことはできない」と述べている。世界の土壌は，危機的な状況に向かって進んでいることを認識しなくてはならない。

（小野映介）

5 段丘・丘陵

1. 崖と坂の町

東京，名古屋，大阪の町を歩いていると崖や坂が多いことに気づく（図 5-1）。いずれの都市も，中近世に大規模な城郭が築かれていた。その際，城の中心機能が更新世段丘の縁に置かれたことが共通している。これはおもに防衛上の理由であると解されており，城下町は段丘のみならず沖積平野に拡大していった。そうして，近世から近代にかけて高低差のある町が出来上がった。また，高度経済成長期には，丘陵地に大規模な新興住宅街が造成されるようになった。

❀ 更新世：第四紀を二分したときの前半．約 258 万年前から約 1 万 1700 年前．地質年代区分は第 2 章を参照．

図 5-1　日暮里駅（東京都荒川区）近くの段丘崖
武蔵野台地と東京低地の境界

以上の都市以外でも，現在，段丘や丘陵は人々の生活の舞台となっている。ここでは，日本列島の段丘や丘陵の地形・地質的特徴について考えてみる。

2. 段丘の定義と分類

段丘とは低地が離水して，河川侵食または海岸侵食によって開析されたために，一方ないし四方を崖で縁取られ，周囲より不連続的に高い平坦地をもつ階段状ないし卓状になった高台のことである（鈴木 2000）。また，段丘の平坦地を段丘面，段丘を囲む崖を段丘崖と呼ぶ。段丘は，その地形場（海岸・河岸・湖岸段丘），段丘面の形成過程（海成・河成・湖成段丘），段丘化の原因（気候段丘・氷河性海面変動段丘・変動段丘），段丘面の形成時代（更新世段丘・完新世段丘）など多様な基準によって分類される。

❀ 離水：ここでは河川や海などによる堆積作用を受けなくなること．

❀ 段丘と台地：ほぼ同義．研究者の間でも混用されている．

3. 丘陵とは

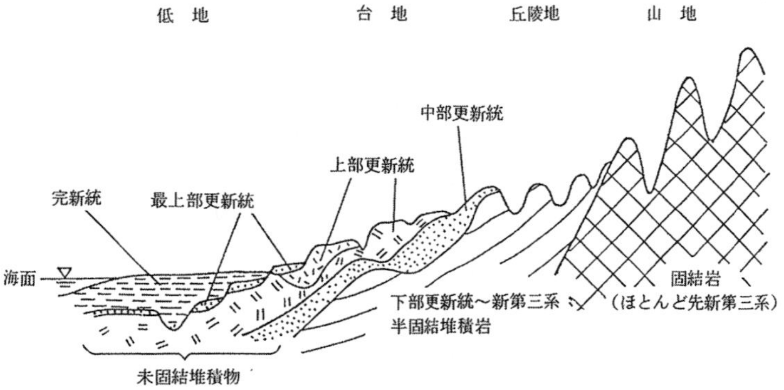

低　地　台　地　丘陵地　山　地
中部更新統
上部更新統
完新統　最上部更新統
海面
固結岩
（ほとんど先新第三系）
下部更新統～新第三系
半固結堆積岩
未固結堆積物

図 5-2　丘陵地の地形・地質（三浦・田村 1990）

一方，丘陵（丘陵地）とは山地と呼ぶほどでもない，低い山なみを指す（図 5-2）。田村（2017）によると丘陵とは，次の 4 つの特徴を合わせもつ地形とされる。①低地・台地からなる狭義の平野周囲，山地の前面に，高度急変帯を隔てて位置することが多い。②小さな谷がたくさん入り込み，複雑な斜面の集合であるが，遠望すると定高性のある稜線が目につく。谷底面から主要な尾根頂までの比高は150 m程度以下で，大きくても300 m程度。③新第三紀ないし前期更新世の半固結堆積岩からなることが多いが，堆積岩に硬い火山岩や火砕岩が挟まれていることもある。ほかに古第三紀や中・古生代の固結岩，花崗岩などからなる丘陵も点在する。④それら基岩を覆う中期もしくは後期更新世の堆積物が定高性の稜線をつくっている堆積面起源の丘陵（しばしば高位段丘とよばれる）と，そのような堆積物を欠く削剥（さくはく）面（侵食平坦面）起源の丘陵とがある。

新第三紀：約2303万年前から約258万年前までの期間．中新世と鮮新世に二分される．地質年代区分は第2章を参照のこと．

固結・半固結：堆積物は基本的に堆積してから年代が経過するほど固くなる．

氷期・間氷期については，第11章を参照のこと．

4．河成段丘の形成過程

気候変動と氷河性海面変動による日本列島の河成段丘の形成過程をモデル化したのが図5-3である。間氷期から氷期へと移行すると山地は氷河や周氷河地域となり，森林が失われて斜面崩壊が頻繁に起こるために土砂生産量が増加する．しかし，降水量は少ないので堆積物は山地周辺にとどまり，河床は上昇する。一方，臨海部では海面低下によって侵食基準面（河川の侵食作用が及ぶ限界の高さ）が相対的に低くなり，河床の低下（下刻（かこく））が進む。それによって，臨海部では段丘化が生じる。

その後，氷期から後氷期になると，山地植生の回復により土砂生産量は減少するとともに，降水量の増加によって山地周辺に堆積した土砂が侵食され，河成段丘が形成される。他方，臨海部では海面上昇によって侵食基準面が相対的に上昇するとともに，山地からもたらされた土砂が堆積する。

こうしたモデルは，気候変動と氷河性海面変動に対応した地形形成過程をよく説明しているが，日本列島にはこのモデルに当てはまらない段丘も存在する。その要因としては，地域的な地殻変動の影響が指摘されている。

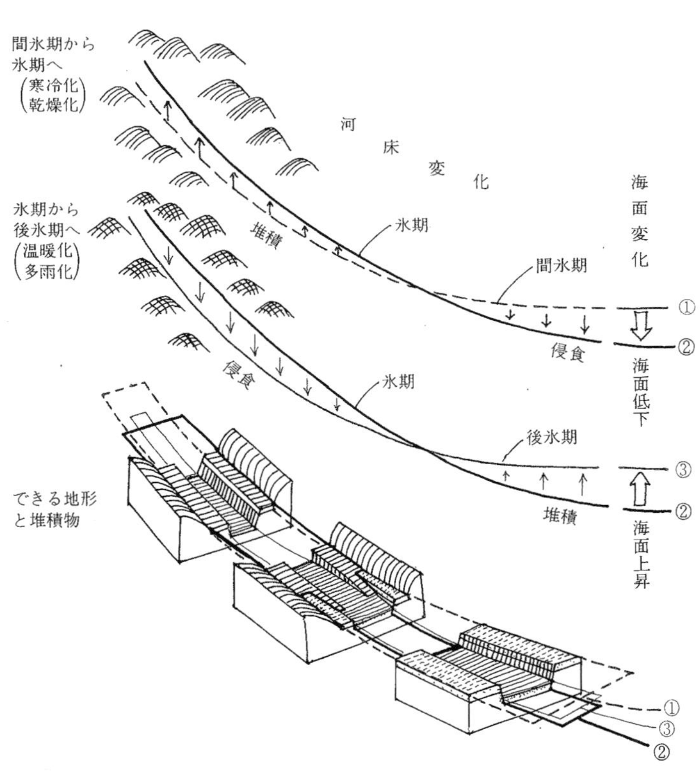

図5-3　河成段丘の形成モデル（貝塚1983）

5．海成段丘の形成過程

一定の海面高度のもとでは，海食作用による平坦な岩石海岸地形や堆積作用による砂浜海岸地形が形成されるが，その後，海面低下や地盤の隆起が生じ，海食崖（かいしょくがい）によって海と隔てられるようになった地形を海成段丘と呼ぶ。日本列島には多くの海成段丘が分布しており，地盤の隆起によって形成されたものとしては，房総半島南部や四国

図 5-4　室戸岬周辺の海成段丘
（国土地理院 HP）

の室戸岬周辺が有名である（図 5-4）。房総半島南部の海岸周辺では，過去の巨大地震によって海岸が隆起して形成された 4 面（沼 I ～ IV 面）の段丘がみられる。最も高い標高約 24 m の沼 I 面は，約 6000 年前の地震で海底が隆起した部分で，最も低い標高約 5 m の沼 IV 面は，1703 年の元禄地震で隆起したと考えられている。また，室戸岬をはじめとする南海トラフに近接する地域に関しては，巨大地震のたびに陸地が数十 cm から数 m 隆起しており，このような地殻変動が累積することによって，海成段丘が発達したとされている。

6．段丘と丘陵の地形・地質－関東平野西部を事例に

関東平野西部にみられる段丘や丘陵は，関東ローム層との対比によって形成時期が議論され，とりわけ武蔵野台地の地形・地質は，日本の第四紀編年の基準とされてきた（図 5-5，図 5-6）。

武蔵野台地周辺には，多摩面と呼ばれる丘陵が認められ，同地形は上総層群と呼ばれる鮮新世および更新世の海成層と，それを覆う更新世の扇状地性の砂礫層，多摩ローム層以新のローム層によって構成される。

❀
関東ローム層：関東地方に分布する火山灰起源の地層群の総称であり，第四紀更新世の火山活動に由来する．富士箱根火山に噴出起源をもつ火山灰が堆積して形成されたと考えられている．

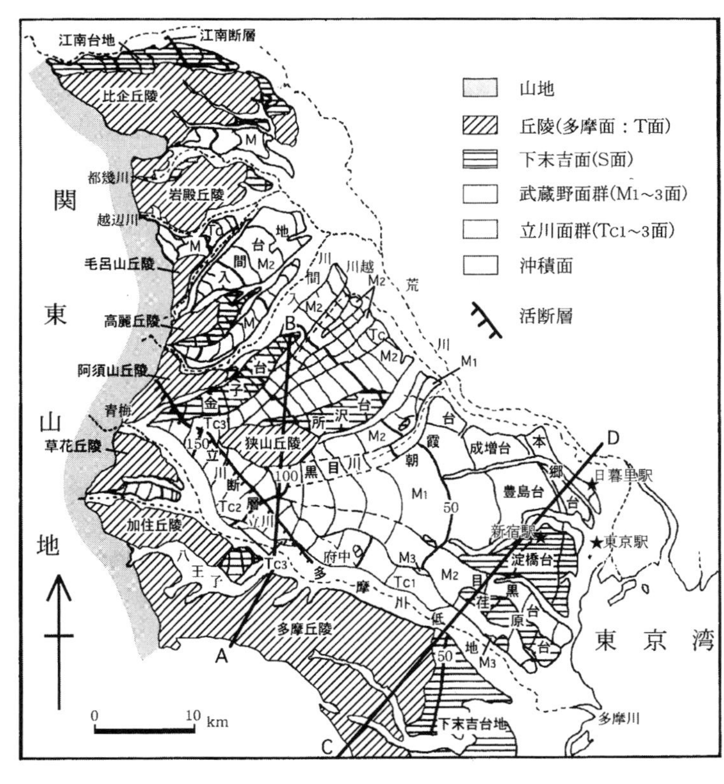

図 5-5　武蔵野台地の地形区分（鈴木 2000 より作成）

台地の地形面は高いほうから下末吉面，武蔵野面，立川面に区分されている。

下末吉面は，最終間氷期最盛期（約 12 万年前）の海進時における浅海底堆積物（東京層）からなる海成段丘面である。約 12 万年前は，現在よりも温暖で海面が 5 ～ 7 m 程度高かったと考えられており，そのような環境の下で海成層が堆積した。この海成層は，下末吉ローム層以新のローム層で覆われている。なお，下末吉面に対比される段丘は日本各地に分布することが知られている。

最終間氷期最盛期以降の海面低下により，海岸線は沖合に移動し，かつての海底を多

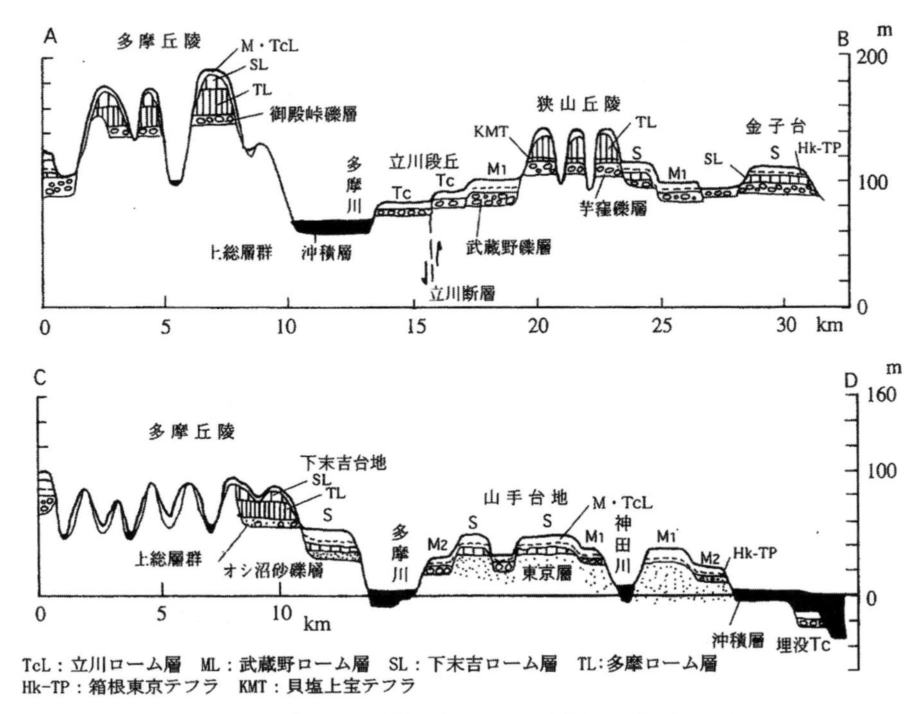

図 5-6 武蔵野台地を横断する地形・地質断面（鈴木 2000）

摩川の延長河川が流下して砂礫層からなる扇状地を広げた。その後，約 10 万年前から 8 万年前にかけて離水して形成されたのが武蔵野面群であり，それらは武蔵野ローム層以新のローム層で覆われている。さらに，最終氷期最盛期（約 2 万年前）に向けて海面が低下する過程で，立川面が形成された。立川面は立川ローム層以新のローム層に覆われている。

7. 武蔵野台地の地形・地質と水

武蔵野台地を構成する下末吉面・武蔵野面・立川面には，河川による侵食作用を受けて形成された開析谷（谷戸・谷津などと呼ばれる）がみられる（図 5-5，図 5-6，図 5-7）。都市化が進んだ現在では，原地形はわかりづらくなっているが，JR 渋谷駅は開析谷に立地している。また武蔵野台地は関東ローム層に覆われているが，それが水流によって侵食されることによって，多くの浅い谷が形成されている。

❀ 武蔵野台地の開拓については，『人文地理学』第 9 章を参照のこと．

武蔵野台地には多数の湧水地点が存在する。おもな湧水地点は台地を開析する谷の崖にみられる。下末吉面や武蔵野面の地下には，最終間氷期最盛期に海底で堆積した粘土層が認められる（図 5-8)。その上には，下末吉面は砂層，武蔵野面では砂礫層が堆積している。粘土層は水を通しにくいので，直上の砂層や砂礫層が帯水層となり，開析谷の崖で湧水となる。また，関東ローム層の下にも粘土層が堆積している

図 5-7 開析谷（東京都目黒区立駒場野公園）

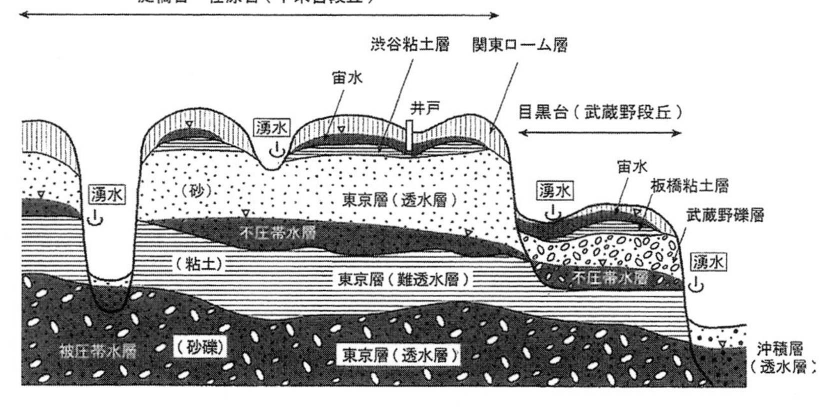

図 5-8　武蔵野台地の地形・地質断面と地下水（山崎 2003）

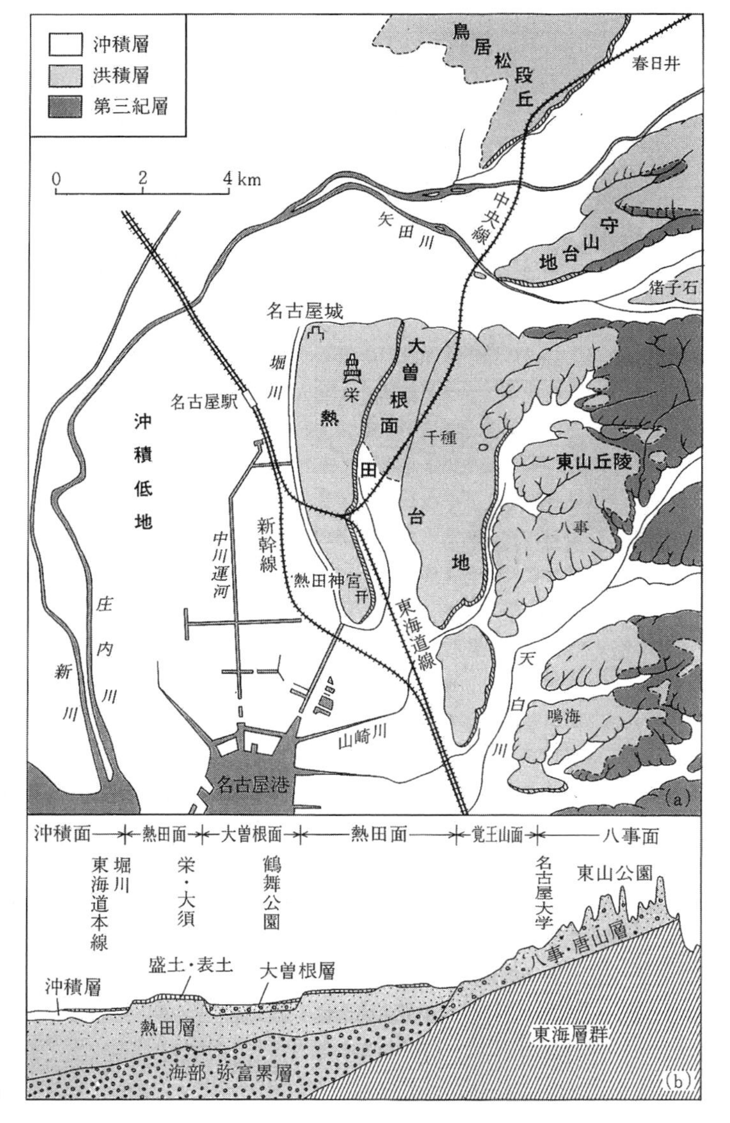

図 5-9　名古屋市域の地形と地質（海津 1994）(a) 地形概観 (b) 地質断面

ところがあり，浅い部分で宙水が生じる場合がある。

8. 段丘と丘陵の地形・地質－濃尾平野南東部を事例に

濃尾平野の南東部には段丘（熱田台地）が認められ，その北西端に名古屋城が築かれた（図 5-9）。

濃尾平野の南東を限る東山丘陵は，標高 100 m 以下に広がっており，中新世から更新世に存在していた「東海湖」に堆積した東海層群（泥層・砂層・礫層が交互に重なっている）と，それを覆う更新世の唐山層や八事層といった砂礫層からなる。

熱田台地の大半を占める熱田面は砂よりなる最下部層，厚さ 30 ～ 40 m で内湾性の貝化石を含む海成粘土よりなる下部層，海成～陸成の砂からなる上部層によって構成されている。このうち，下部層は最終間氷期最盛期の海進時における海底堆積物で，上部層はそれ以降の海浜・潟湖・河川氾濫原堆積物と考えられている。したがって，熱田面は先に述べた武蔵野台地の下末吉面に対比できる。

また，熱田面を刻んで発達する大曽根面は，最終間氷期最盛期以降の海面低下期に形成されたと考えられる。

9. 段丘地形の共通性と差異

以上，関東平野西部と濃尾平野

南東部の段丘・丘陵の地形・地質を概観した。日本列島の臨海平野に発達する段丘には，武蔵野台地や熱田台地のように，最終間氷期最盛期の高海面期とそれ以降の海面低下期に順次形成されたものが多い。そうした基本形に，河川上流域の土砂生産量や河川の土砂運搬能力，地域的な地殻変動が影響して，バラエティーに富む段丘地形が形成されたと理解できる。

10．丘陵の地形特性と土地利用

起伏に富む丘陵地は，長い間「里山」として利用されることが多かった。埼玉県と東京都の境に広がる狭山（さやま）丘陵は，宮崎 駿による『となりのトトロ』の舞台のモデルとされている。丘頂緩斜面の一部に畑，谷頭部に草地・畑地またはため池，谷底面は（一部の畑地，集落を除いて）水田（おもに湿田），丘麓緩斜面や小段丘面上に集落，そのほかはほとんど雑木林（二次林）に覆われるという景観は1950年代まで継続したと考えられている（図 5-10）。

❀ 谷頭とは，谷の最上流部.

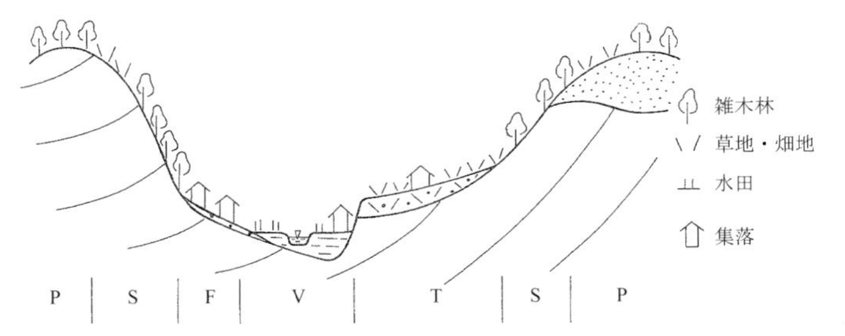

図 5-10　丘陵地の小地形単位と伝統的土地利用（三浦・田村 1990）

丘陵地の大規模開発としては，多摩丘陵の多摩ニュータウンや大阪府に位置する千里（せんり）丘陵の千里ニュータウンが有名である。

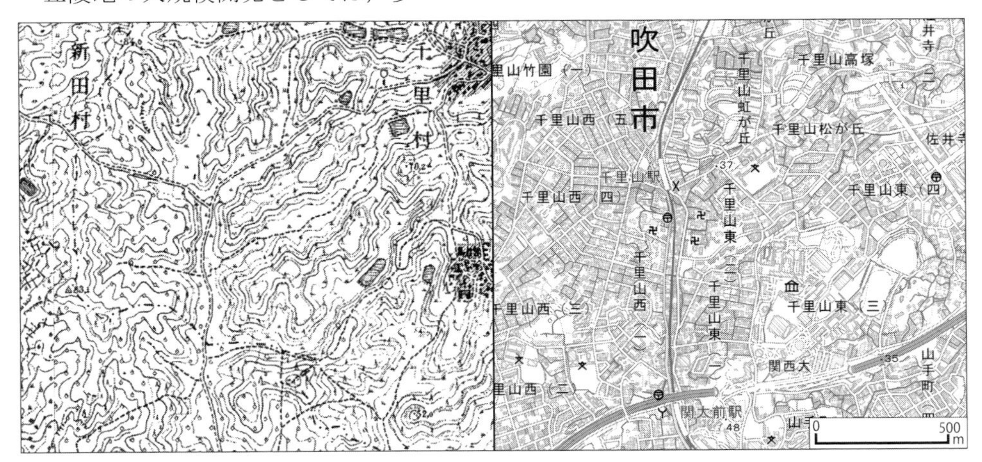

図 5-11　千里丘陵の新旧地図（左：明治44年発行国土地理院2万分の1地形図，右：現在の地理院地図）

1960年代前半の宅地造成では一般に斜面の切土部分が浅く，切りとった土砂は擁壁（ようへき）をつくって盛土（もりど）する形で，切土（きりど）・盛土が交互に並ぶ，いわばひな段形の造成地が多かったが，1960年代後半から1970年代の宅地造成では，1つの尾根と谷，あるいはいくつかの尾根と谷にまたがり，元の地形とは無関係の広大な人工の平坦面が作られるようになった（田村 1977）。図 5-11 に示した地形図を読むと，一部で地形を生かしながらも，それにとらわれない開発のあり方がわかる。

❀ ニュータウンについては，『人文地理学』第9章・第10章でも触れている.

（小野映介）

6　沖積平野の特徴と形成過程

1.「新しい」地形

イタリアのピサの斜塔（図 6-1）は，なぜ傾いているのだろうか。この塔は，1173 年から 1370 年にかけて断続的に建設されたものである。1272 年に開始された第 2 期工事の際，塔はすでに傾き始めていたとされる。塔の傾きの理由は地面の下，すなわち地質にある。塔を支える地質は軟弱な砂や粘土によって構成されているため，荷重に耐えられず不等沈下が生じてしまったのである。

図 6-1　ピサの斜塔
(Rapp and Hill 1989)

❀
過去の海面変動については第 12 章を参照のこと.

❀
湿潤変動帯：比較的降水量が多く，火山や地震の活動が活発な地域.

塔の建つピサの街は，アルノ川によって運ばれた土砂によって形成された沖積平野に立地する。沖積平野とは，河川下流部および海岸付近に河川や海の作用によって比較的新しい時代に形成された平野である。新しいとは言っても，更新世末の最終氷期最盛期（約 2 万年前）に生じた海面低下期以降のことであり，沖積平野を形づくる沖積層が堆積した時期である。なお，沖積平野の形成は現在も進行中である。

沖積平野は，世界各地に分布している。例えばアメリカ合衆国のミシシッピ川，エジプトのナイル川，そしてベトナムのメコン川等の下流域には大規模な沖積平野が認められる。

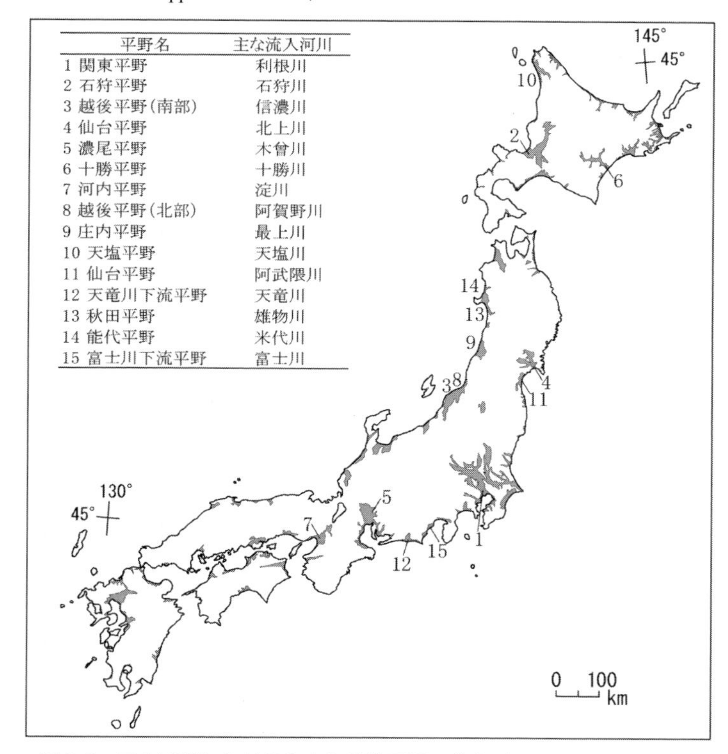

平野名	主な流入河川
1 関東平野	利根川
2 石狩平野	石狩川
3 越後平野(南部)	信濃川
4 仙台平野	北上川
5 濃尾平野	木曾川
6 十勝平野	十勝川
7 河内平野	淀川
8 越後平野(北部)	阿賀野川
9 庄内平野	最上川
10 天塩平野	天塩川
11 仙台平野	阿武隈川
12 天竜川下流平野	天竜川
13 秋田平野	雄物川
14 能代平野	米代川
15 富士川下流平野	富士川

図 6-2　日本列島におけるおもな沖積平野の分布（小野 2012 より作成）

日本列島にも，数多くの沖積平野が分布する（図 6-2）。東京や大阪をはじめとする日本の大都市は，沖積平野に立地している。日本列島において，沖積平野は稲作をはじめとした生業の場として，また人々の居住の場として重要な役割を果たしてきた。本章では，地球史的観点からみると極めて新しい地形である沖積平野がいかなる特徴を有し，また，どのように形成されたのかを学ぶことにする。

2. 地形の分類

沖積平野は，過去の気候変動・海面変動・地殻変動などに対応して形成された地形である。日本列島の大半は湿潤変動帯に位置しており，山地から河川を介して沖積平野へと供給される土砂の量は世界的にみても多い。

沖積平野の模式的な形態を示す（図 6-3）。山地を貫流した河川は山麓に扇状地を形成し，その下流側に氾濫原とデルタ（三角州）を発達させて海へと至る。ただし，上述したように沖積平野の形態は多様であり，扇状地を欠くものや，臨海部に浜堤や砂丘が発達する場合もある。

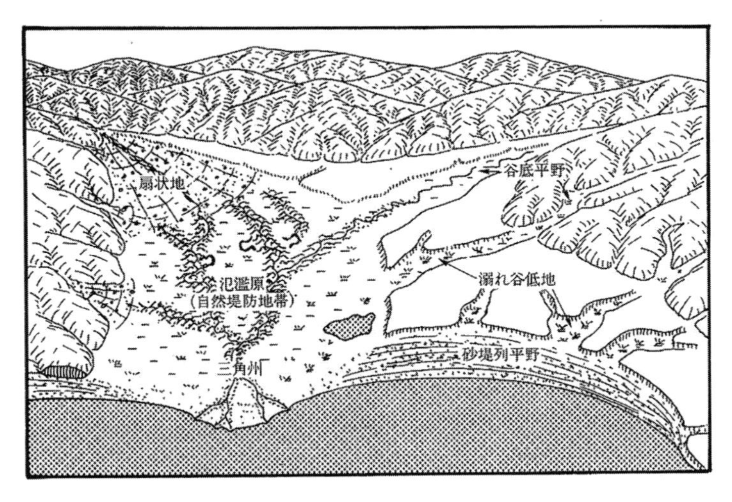

図 6-3　沖積平野の代表的な地形（海津 1994）

山地から平野へと流入した河川は，上流部から運搬してきた土砂の堆積場の拡大や流速の減少などによって蛇行と堆積を繰り返し，結果として扇型の地形を形成する。これが扇状地で，同地形は上流側から扇頂・扇央・扇端に区分できる。扇状地を構成する堆積物は砂礫であることが多い。透水性の良い扇頂・扇央において河川水の多くは伏流（地下を流れる）し，扇端と氾濫原の境界部で湧水となって湧き出ることがある。

❀
浜堤は海の営力によって形成されるのに対し，砂丘は風の営力によって形成される．

氾濫原では，河川による土砂の侵食・運搬・堆積作用によって形成された微地形がみられる。傾斜の緩い氾濫原では河川は蛇行し，洪水時には溢水に混じった砂を河道付近に堆積させる。それによって形成される微高地が自然堤防である（図 6-4）。一方，河道から離れた地域には洪水時に薄く粘土が堆積する。このような自然堤防の背後に広がる相対的な低地は，後背湿地と呼ばれる（図 6-4）。後背湿地には低木や草本植物が繁茂している場合があり，それらが枯死して粘土とともに堆積すると泥炭土が形成される。自然堤防と後背湿地の比高は一般的に 1 ～ 2 m である。なお，自然堤防は上述の過程で形成されるものであって，「人工堤防」のような治水インフラとは無関係であることに注意しなければならない。

❀
河川による洪水災害については，第 14 章を参照のこと．

❀
沖積平野の土壌については，第 4 章を参照のこと．

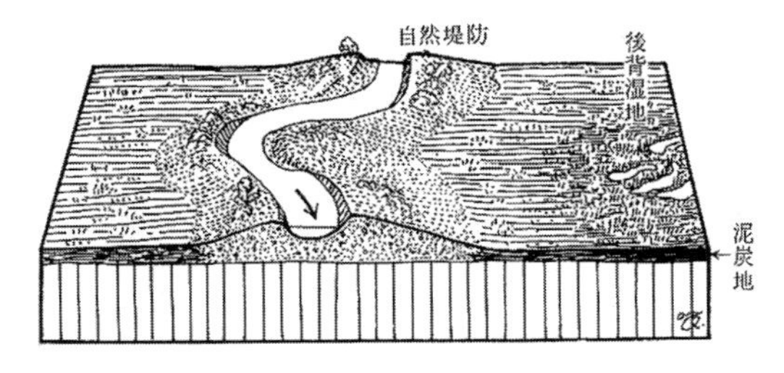

図 6-4　氾濫原の模式断面（貝塚ほか 1995）

デルタとは，陸域からの河川運搬物質が水域に向けて堆積することによって形成された地形である（図 6-5）。臨海部では，河川と海との相互作用のもとで発達する。デルタの地形は，水中デルタと陸上デルタに大別される（図 6-6）。前者は底置層からなる底置面（プロデルタ）・前置層からなる前置斜面（デルタフロントスロープ）および前置面（デルタフロントプラットフォーム）で構成される。後者は，頂置層からなる頂置面（デルタプレイン）である。また，頂置面は潮汐の影響が及ぶ限界を境に，海側を

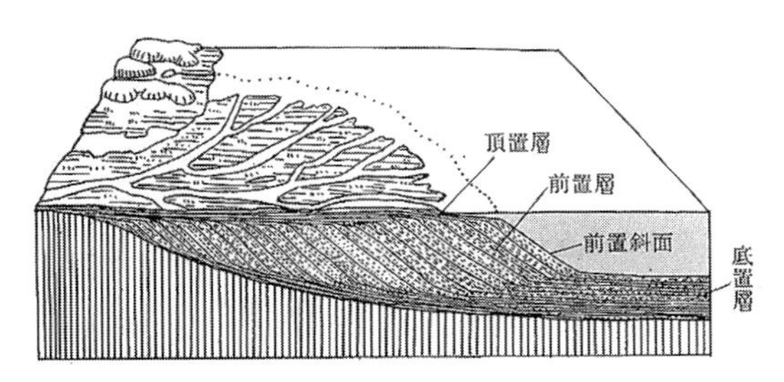

図 6-5　デルタの模式断面（貝塚ほか 1995）

陸上デルタ
水中デルタ
デルタプレイン
デルタフロント
プロデルタ
上部デルタプレイン
下部デルタプレイン
デルタフロントプラットフォーム
デルタフロントスロープ
高潮位
低潮位
潮汐の影響が及ぶ限界

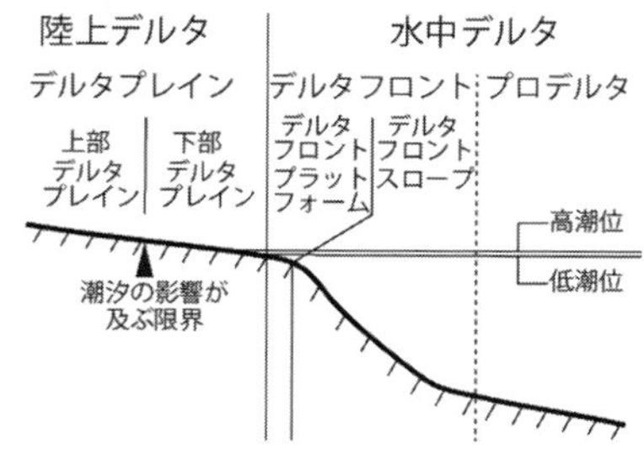

図 6-6　デルタの地形（堀 2012）

下部デルタプレイン，陸側を上部デルタプレインに細分することができる。このうち下部デルタプレインは，いわゆる「干潟」に相当する。一方，河川の営力が卓越する上部デルタプレインは，氾濫原と同じ性格の地形と言える。

3．地形発達史－どのように形成されたのか

ここまで，沖積平野の形状に注目してきた。ところで，このような形状はどのような過程を経て形づくられたのであろうか。日本列島の沖積平野の中でも，最も研究の進んでいる河内（大阪）平野を事例として，地形発達史を紐解いてみよう。

最終氷期最盛期頃，日本列島周辺では海面が現在よりも 100 m 以上低かったとされている。当時，瀬戸内海は完全に陸化して平野となり，河川は谷の中を流れていた（図 6-7-a）。この平野には，ナウマンゾウやオオツノジカが生息していたことがわかっている。そうした地域は，旧石器時代の人々にとって格好の狩猟の場になっていたと考えられる。

その後，最終氷期が終わり気温が上昇すると急速な海面上昇が生じた。この海面上昇は縄文時代にピークを迎えることから，日本では縄文海進と呼ばれる。現在，河内平野が広がる地域は海域となり，河内湾が形成された（図 6-7-b）。なお，縄文海進にともなう内湾の形成は，現在の関東平野をはじめとして多くの地域で生じた。その際，デルタの底置層として堆積した粘土層は，河内平野では梅田層，関東平野では有楽町層の一部をなしている（図 6-8）。この粘土層は極めて軟弱であるため，高層建築物の支持層としては適さない。

❀ 縄文海進については第 12 章を参照のこと．

❀ 支持層：構造物を基礎や杭などで支えることができる地盤または地層のこと．

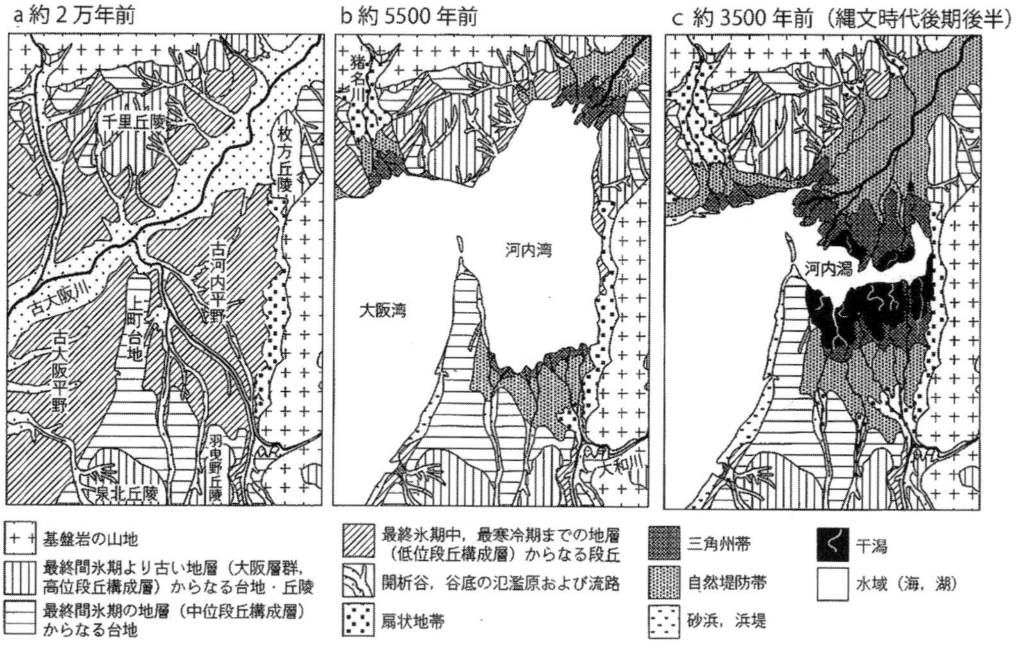

a 約 2 万年前
b 約 5500 年前
c 約 3500 年前（縄文時代後期後半）
千里丘陵
枚方丘陵
古河内平野
古大阪川
上町台地
古大阪平野
羽曳野丘陵
泉北丘陵
猪名川
河内湾
大阪湾
大和川
河内潟
基盤岩の山地
最終間氷期より古い地層（大阪層群，高位段丘構成層）からなる台地・丘陵
最終間氷期の地層（中位段丘構成層）からなる台地
最終氷期中，最寒冷期までの地層（低位段丘構成層）からなる段丘
開析谷，谷底の氾濫原および流路
扇状地帯
三角州帯
自然堤防帯
砂浜，浜堤
干潟
水域（海，湖）

図 6-7　河内平野の地形変遷（小倉 2004 より作成）

縄文海進のピーク以降，現在につながる沖積平野の形成が本格的に始まる。河内平野では淀川や大和川によってもたらされた土砂の堆積が進み，内湾の埋め立てが進んだ（図 6-7-c）。その際，上述のデルタや氾濫原が形成された。こうした土砂の堆積は，河内平野に限らず日本列島に分布する沖積平野で共通して生じた現象である。

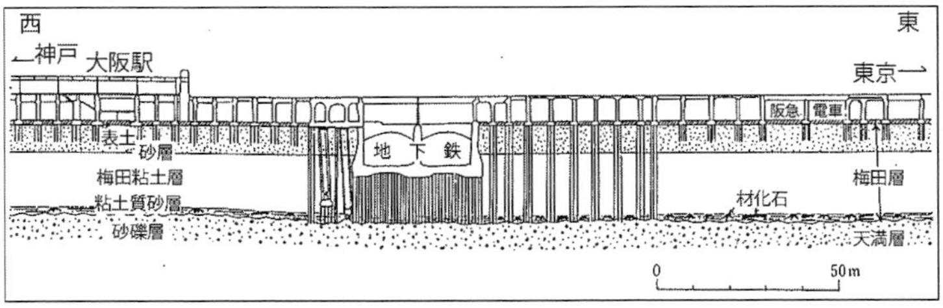

図 6-8　大阪駅東口の地質断面（梶山・市原 1986 より作成）

氾濫原では，河川が蛇行や転流（アバルジョン）を繰り返すことにより，土砂を充填させていく（図 6-9）。河川沿いには先に述べた自然堤防のほかにも破堤堆積地形（図 6-10：クレバススプレー）などが発達し，徐々に高まりを形成していく。こうした河川沿いの高まりを蛇行帯（メアンダーベルト）と呼ぶ。蛇行帯の形成がある程度進むと，河川の転流が生じ，それまでの蛇行帯は放棄されるとともに，後背湿地に新たな蛇行帯が形成される。

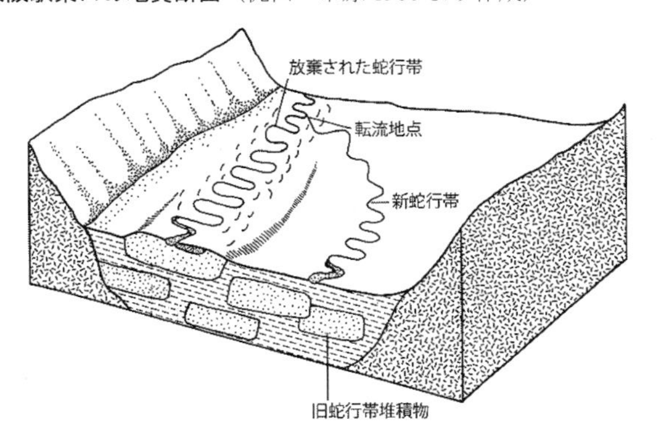

図 6-9　氾濫原の形成過程（Waters 1992 より作成）

蛇行帯の形成と転流が繰り返されることによって形成された氾濫原の地質は，非常に複雑である。現地表面が後背湿地であったとしても，その地下にかつての蛇行帯が伏在していることもある。そのような地点では，旧蛇行帯を構成する水分の多い砂質堆積物が要因となって，地震時に液状化現象が生じる可能性がある。

図 6-10　2015 年 9 月に鬼怒川沿いにできたクレパススプレー（国土地理院 HP）

❀
破堤堆積地形：洪水時に河道の外側に堆積する氾濫堆積物によって構成される．自然堤防の一部が決壊した際，その地点から扇状あるいは舌状に広がる地形．

4．歴史時代における地形変化

沖積平野の地形変化は，歴史時代にも継続した。濃尾平野では，12 ～ 13 世紀の柱穴遺構が自然堤防構成層によって覆われている様子が確認されている（図 6-11）。こうした事例は他の沖積平野でもみられることから，現地表面にみられる自然堤防の大半は，中近世に形成されたと考えられている。

また，臨海部の砂丘についても歴史時代における変化が確認されている。鳥取県の白兎身干山遺跡では，弥生時代以降の砂丘形成過程を知ることができるが，とりわけ 14 ～ 16 世紀以降に活発な砂の堆積が生じたことが明らかになっている（図 6-12）。

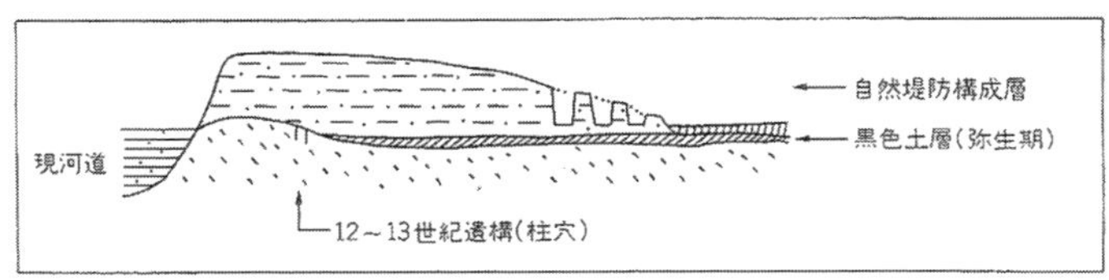

図 6-11　濃尾平野，三宅川沿岸の自然堤防模式断面（井関 1983）

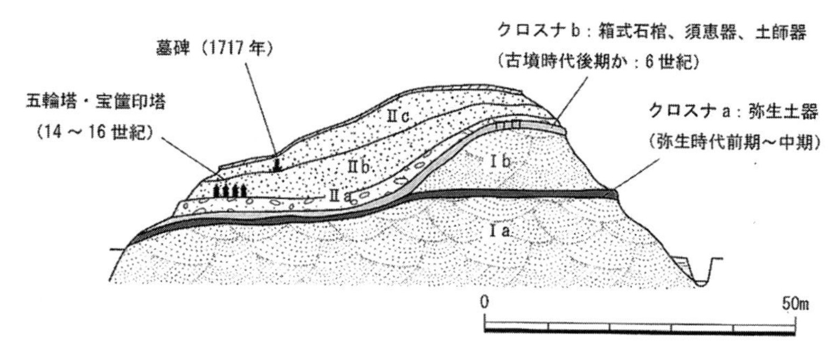

図 6-12　白兎身干山遺跡の層序（高田 2017）

また，同じ日本海側の越後平野では10列に及ぶ砂丘列が確認できる。その最も海側にみられる巨大砂丘は9世紀以降に発達したとされている。

中・近世に入ると沖積平野の形成に人為的な影響が及ぶことになった。築堤や付け替えなどによって河川の侵食・運搬・堆積作用の性格は，それまでと異なるものとなった。例えば，築堤によって河川は自由蛇行が阻止されることになり，沖積平野における土砂の充填様式に変化が生じた。沖積平野は堤内地（堤防に守られ，集落や水田が広がる地域）と堤外地（堤防によって堤内地と分離された河川や河川敷）に分かれ，前者における土砂の堆積が減る一方で，後者に土砂の堆積が集中することにより，河床が上昇して天井川が形成されるようになった。

❀
クロスナ：かつて砂丘が植生によって覆われていたことを示す古土壌.

一方，臨海部には埋め立てや干拓によって新たな土地がつくられることにより，海岸線の形状は大きく変化した（図 6-13）。また，河川の上流部における山地の改変も沖積平野の発達過程に影響を及ぼしたとされる。とりわけ中国山地では，たたら製鉄の原料となる砂鉄を集めるための鉄穴流しや製鉄の燃料材の獲得，製塩の薪を得るための森林伐採などによって，はげ山が形成された。そうした山地からは，河川を介して沖積平野に大量の土砂がもたらされることとなった。

❀
鉄穴流し：花崗岩地域の山肌の風化した部分を削り取り，流水による比重選鉱で砂鉄を集める.

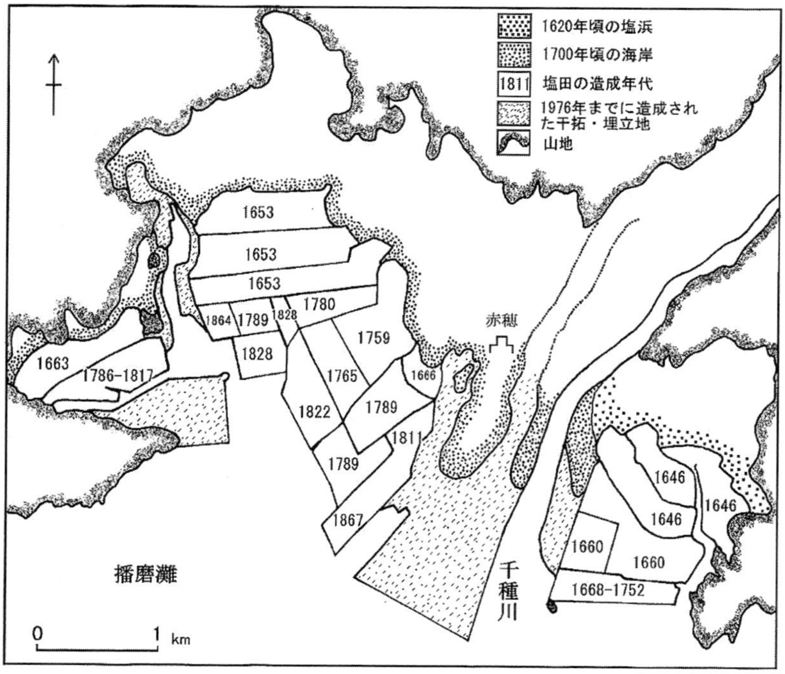

図 6-13　兵庫県赤穂平野の地形改変（田中・成瀬 2004）

再び，イタリアのアルノ川の話題に戻ろう。ピサは11世紀頃に海洋国家として繁栄のピークを迎えたが，13世紀末には衰退が始まったとされる。衰退の要因は幾つかあるが，その1つとして河道変化を繰り返しながら徐々に浜堤列平野を形成するアルノ川の動きが挙げられる（図 6-14）。海洋国家としては，物資輸送の要となる河川が「不安定」であることが致命傷になったのである。このように，沖積平野に発展した都市が地形変化によって役割を変えていく事例は，とりわけ地中海沿岸に多くみられる。現在のトルコ西部，かつて港町として栄えたが現在は内陸部に位置するエフェソス（エフェス）はその代表例である（図 6-15）。

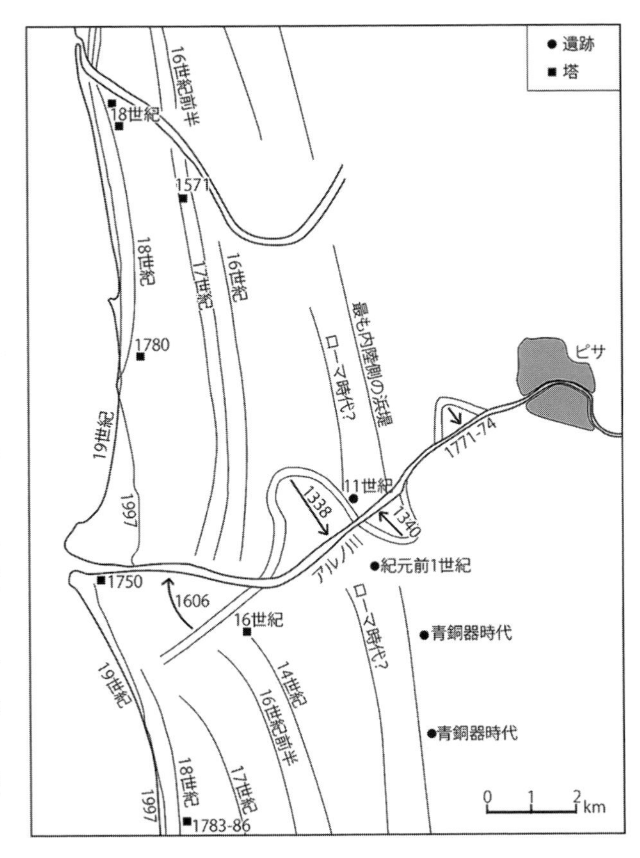

図 6-14　アルノ川下流平野の海岸線変化（Pranzini 2001 より作成）

5．現在の沖積平野における居住

先に述べたように，沖積平野の地形発達は現在も続いている。治水インフラによって，その動態はとらえにくいものになっているが，「自然災害」の際には顕在化する。例えば，「洪水」は水とともに土砂を氾濫原に供給する地形発達の一過程である。また，臨海部の飛砂（ひさ）は砂丘形成の過程で生じるものである。

沖積平野に住むには，そこが現在も変化を続ける「新しい」地形であるという認識を持ち，地形発達史，すなわち土地の履歴を考慮した土地利用や災害対策がなされるべきである（図 6-16）。

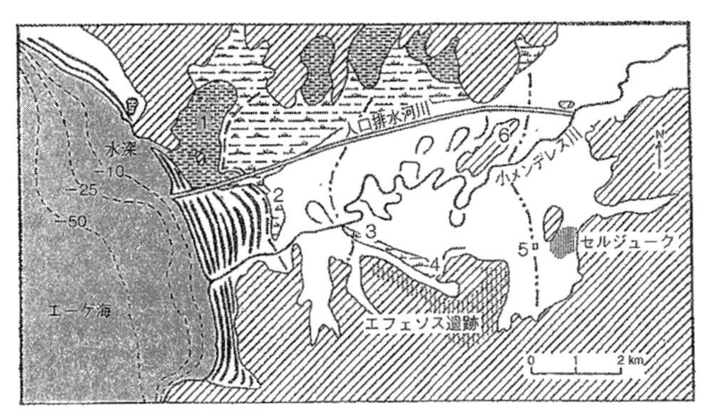

基盤　ラグーン　湿地
氾濫原　現在の河道　紀元前7世紀の海岸線
ビーチリッジ　旧河道　紀元前3世紀の海岸線
紀元後2世紀の海岸線

1：アルマン湖，2：アジ湖（紀元2世紀の小メンデレス川の三日月湖），3：パノルムス（エフェソスの外港），4：エフェソスの内港，5：アルテミス神殿，6：キュルテペ

図 6-15　エフェソス周辺の地形環境（安田 2010）

図 6-16　多摩川の沖積平野に立つタワーマンション群（武蔵小杉駅周辺，神奈川県）
令和元年東日本台風では内水氾濫が生じた．

（小野映介）

7　世界の気候とその成り立ち

1. 気候をカタチづくるもの

私たちの生活に最も身近な自然環境は気候である。気候は比較的長い期間での平均的な大気の“ふるまい”を指していて，「晴れ」「雨」といった日々の天気や，瞬間的な大気の状態を意味する気象とは異なる。

私たちは気候を目で見ることはできないが，自然の景観からその場所の気候を推察することができる。例えば，図 7-1 の 2 つの写真を見比べてみると，左の写真は森林に覆われていて湿潤な環境であり，右の写真は草原が広がって乾燥した環境であることがわかる。このような推察ができるのは，気候が植生などの自然環境と密接に関連しており，自然景観を強く支配しているためである。したがって，世界の多様な自然環境をより深く理解するためには，気候の成り立ちや気候の地域的な違いが生じる要因を学習することが必要不可欠である。

図 7-1　ハワイ島キラウエア火山における多様な自然景観

2. 放射収支と地球の温度

地球の気候は，太陽放射エネルギーと地球放射エネルギーのバランスに支配されている。この 2 つの放射エネルギーの収支，すなわち放射収支を理解することが，気候を理解する第一歩となる。

次の式（1）は地球の大気表面における放射収支を表している。

$$S_0 \times (1-\mathrm{A}) \times \pi\ r_e^2 = I_e \times 4\ \pi\ r_e^2 \quad \cdots 式（1）$$

式（1）の左辺は地球が受け取る太陽放射エネルギーを示す。S_0 は太陽定数（1370 $\mathrm{Wm^{-2}}$）で，地球の大気表面における単位面積当たりの太陽放射エネルギーの量である。太陽放射エネルギーはほぼ平行に地球に入射するので，太陽定数に地球の断面積（$\pi\ r_e^2$，r_e は地球の半径 6371 km）を乗じたものが地球に届く太陽放射エネルギーの総量となる。しかし，地球に届く太陽放射エネルギーのうち，約 3 割は雲や地表面で反射される。この反射の割合はアルベド（A）と呼ばれ，それを除くために（1−A）を乗じた量が，地球が受け取る太陽放射エネルギーの総量となる。式（1）の右辺は地球から宇宙空間へ放出する地球放射エネルギーを示す。I_e は地球の大気表面から宇宙空間へ放出される単位面積当たりの地球放射エネルギーであり，地球の温度と正の関係にある（ステファン・ボルツマンの法則）。これに地球の表面積（$4\pi r_e^2$）を乗じると，地球放射エネルギーの総量となる。

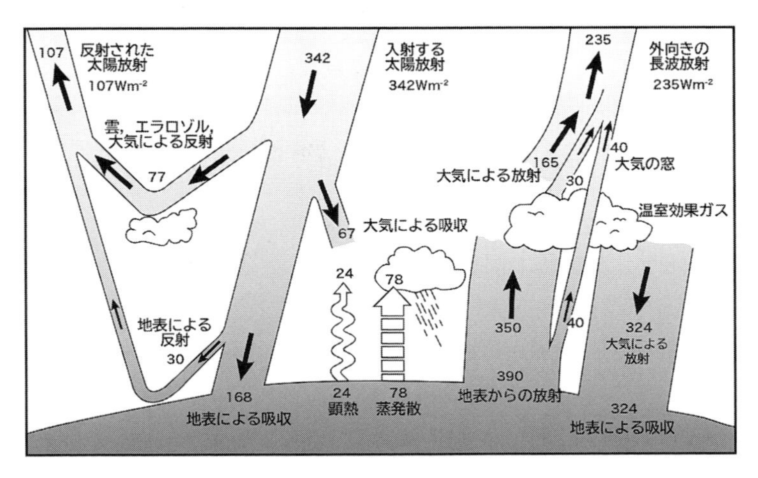

図 7-2　地球におけるエネルギー収支（Kiehl and Trenberth 1997）
『IPCC 第 4 次評価報告書』（気象庁訳 2007）をもとに作成.

地球が受け取る太陽放射エネルギーと地球から放出される地球放射エネルギーが等しいと，放射収支は 0 となり，地球は放射平衡となる。放射平衡の状態にある時の温度は放射平衡温度と呼ばれ，現在の地球の放射平衡温度はおよそ −18 ℃（255 K）である。この値は，式（1）の左辺にある太陽定数やアルベドにより変動し，例えば雪氷に覆われる面積が増えてアルベドが 1 %増加すると，地球の放射平衡温度は 1 ℃ほど低下する。

❀ ステファン・ボルツマンの法則：黒体（熱エネルギーをすべて吸収できる理想的な物体）から放出する単位面積当たりの熱量が，黒体の絶対温度の 4 乗に比例するという法則のこと.

地球は大気に覆われているため，私たちが暮らす地表面の温度を理解するためには大気との放射エネルギーのやりとりも重要である（図 7-2）。太陽放射エネルギーにとって大気はほぼ透明で，大半は素通りして地表面に吸収される（168 Wm^{-2}）。一方で，地表面からの放射エネルギーはほとんどすべてが大気に吸収される（350 Wm^{-2}）。また，地表面から大気へは，地表面からの熱伝導により大気が暖められたり（顕熱：24 Wm^{-2}），蒸発散により水蒸気が供給されたり（潜熱：78 Wm^{-2}）することでエネルギーが運ばれている。大気からは地表面に向かって，下向きの放射エネルギーが放出されている（324 Wm^{-2}）。こうした地表面と大気との間でのエネルギーのやりとりがあることで，地表面の温度は，大気表面の放射平衡温度よりも高い約 15 ℃（288 K）になっている（大気による温室効果）。地球温暖化は，大気中に含まれる温室効果ガスの濃度が増加して，地表面と大気との間でやりとりされるエネルギーの量を増加させることで，地表面の温度が上昇することを指している。

❀ 農業などで使われる温室は熱交換を遮断するもので，大気による温室効果とはプロセスが異なることに注意する.

3．大気循環と世界の気候

緯度が高くなるほど太陽光の入射角が小さくなるため，地球が受け取る単位面積当たりの太陽放射エネルギーは小さくなる。他方で，宇宙空間に出て行く地球放射エネルギーの場所による変化はあまりなく，その結果，放射収支は緯度によって大きく異なる（図 7-3）。赤道から南北の緯度 30 度付近までは太陽放射エネルギーが地球放射エネルギーよりも多く，放射収支は正となりどんどん暖められている。一方で，南北 30 度よりも高緯度になると放射収支は負となり，寒冷化している。

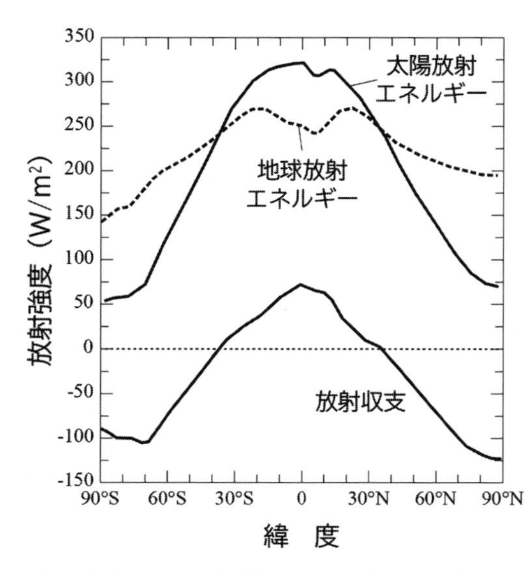

図 7-3　緯度に沿った太陽放射エネルギー，地球放射エネルギー，および放射収支（Hartmann 2013 より作成）

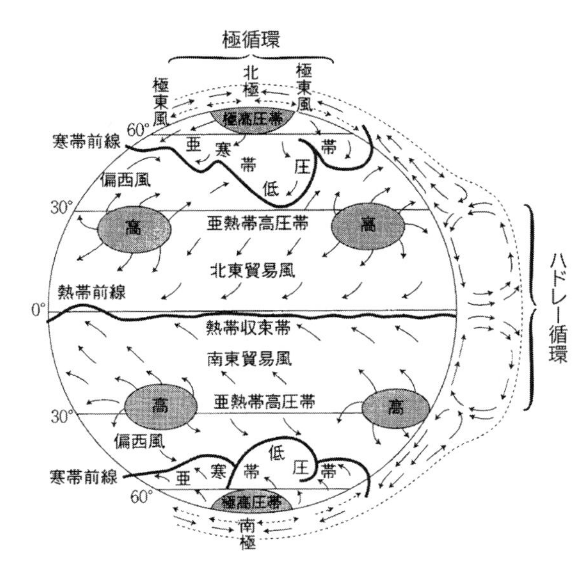

図 7-4　大気循環の模式図（水野 2018 より作成）
外側に対流圏の断面を誇張して示している．

こうした緯度に沿った放射収支の違いは，気温の違いだけでなく，世界に多様な気候を生み出す原動力となっている。地球上では大気や海洋により，放射収支の空間的な不均衡を解消する方向へと熱エネルギーが輸送されている。この過程で，大気の対流や大規模な循環が生じ，降水量や風向の地域的な差異が生み出されるのである。

❀ 気候にも影響する海洋循環については第 10 章を参照のこと．

赤道周辺から南北緯 30 度付近にかけては，ハドレー循環と呼ばれる大気循環が卓越し，熱帯から乾燥帯にかけての気候を形づくっている（図 7-4）。赤道付近は単位面積当たりの太陽放射エネルギーが最も大きく，活発な上昇気流が生じる。上昇した大気は対流圏上部（高度約 11 km）で南北に流れて，南北緯 30 度付近で下降気流となり，その後は地表面付近を赤道方向に吹く貿易風となって循環する。上昇気流が活発な赤道付近には，積乱雲が帯状に連なる熱帯収束帯（赤道低圧帯）が形成され，気温が高く，降水量が多い気候となる。また，下降気流が卓越する南北緯 30 度付近は，亜熱帯高圧帯となって降水量が極めて少なく，陸地では砂漠が形成される。熱帯収束帯と亜熱帯高圧帯は季節により南北に移動するため，赤道からやや離れた地域では，夏には熱帯収束帯の影響を受ける雨季となり，冬には亜熱帯高圧帯に覆われて乾季となる，降水量の季節変化が明瞭な気候がみられる。

❀ 貿易風は地球の自転の影響を受けて，東寄りの風となる．貿易風を利用した交易については『人文地理学』の第 7 章を参照のこと．

赤道周辺とは逆に，極域では大気が冷却され下降気流となり，極高圧帯が形成される。地表付近では冷たい大気が極域から低緯度方向に流れ，緯度 60 度付近で上昇して，上空で極域に戻る。高緯度地域では，この極循環により熱の輸送が生じている。冬季の北半球では，極高圧帯以外にも大陸に寒冷な高気圧が形成され，特にシベリア高気圧が発達するユーラシア大陸北東部では寒さが厳しい。

緯度 30 ～ 60 度の中緯度では，ハドレー循環や極循環のような明瞭な大気循環はみられない。この地域における熱輸送は，偏西風の蛇行とそれに対応して形成された温帯低気圧が担っている。すなわち，温帯低気圧では，その前面（東側）で暖かい大気が高緯度側に運ばれて上昇し，後面（西側）で冷たい大気が低緯度側へと運ばれて，低緯度から高緯度へと熱が輸送されている。中緯度の地域では，夏と冬の気温差が大きく，季節変化が明瞭となる。また，日本の春や秋などのように，移動性高気圧と温帯低気圧の通り道となって，周期的に天気が変わる時期があるのも特徴である。

4．海陸分布や地形に影響を受ける気候

放射収支の違いから生じる大気循環に加え，海陸分布や大地形も世界の気候に影響する気候因子となっている。大陸と海洋とでは熱に対する性質が異なるため，大陸と海洋の間では季節により風向を大きく変えるモンスーン（季節風）が生じる。海陸分布にしたがって，モンスーンは大陸スケールでみられ，世界各地の気候に強く影響している。特に，アジア・モンスーンは，南アジアから東アジアまでの広範囲に及んでおり，夏季には水蒸気を多く含む大気がインド洋や太平洋からユーラシア大陸に流れ込んで，多量の降水をもたらす。

気候因子：気温や降水量など気候要素の地域差が生じる要因のこと．

アジア・モンスーンについては第2章と第8章も参照のこと．

また，大山脈や広大な高原は，卓越風と組み合わさることにより，地域スケールでの気候の違いを生み出す。山脈や高原の風上側では，斜面に沿って気流が強制的に上昇させられて地形性の降雨が発生し，比較的湿潤な気候になる。一方，風下側は乾燥した大気が吹きおろすため，風上側と比較して乾燥した気候となり，アンデス山脈の風下側に位置するパタゴニア砂漠のような風下砂漠が形成されることもある。こうした海陸分布や大地形は大気循環の地域的な差異や乱れを生じさせて，世界の気候分布を複雑なものにしている。

5．世界の気温分布と降水量分布

ここまでみてきた緯度に沿った大気循環や海陸分布・大地形などの気候因子は，気温や降水量などの地域差を生み出し，世界に多様な気候を形成している。

世界の気温分布は緯度に沿った放射収支の変化に対応しており，赤道周辺で最も高く，高緯度方向に低下していく（図 7-5）。ただし，アンデス山脈やチベット高原など，標高の高い地域は同じ緯度の他の地域に比べて気温が低い。これは標高の上昇にした

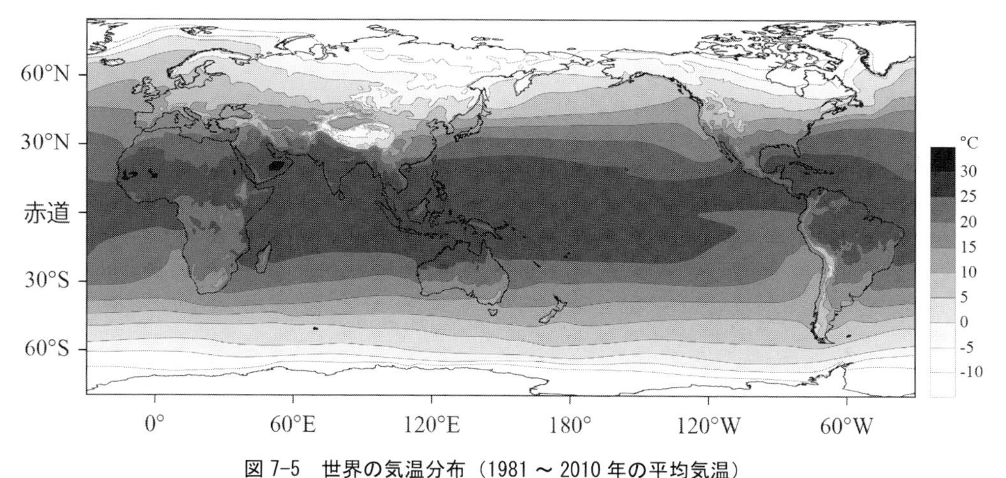

図 7-5　世界の気温分布（1981 ～ 2010 年の平均気温）
気象庁 JRA-55 アトラス（http://ds.data.jma.go.jp/gmd/jra/atlas/jp/）の「地表面の気候値　気温（地上 2 m 高）」より作成した.

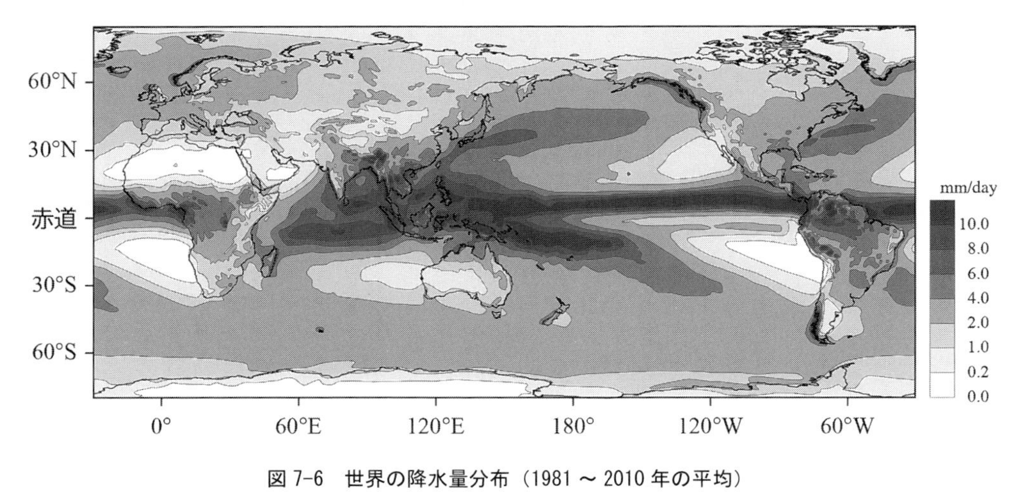

図 7-6　世界の降水量分布（1981 ～ 2010 年の平均）
気象庁 JRA-55 アトラス（http://ds.data.jma.go.jp/gmd/jra/atlas/jp/）の「地表面の気候値　降水量」より作成した．

がって気圧が下がり，空気が膨張して気体の温度が低下するためで，標高の高い地域では同緯度の低地に比べて約 0.55 ℃ /100 m（理論値では約 0.65 ℃ /100 m）の逓減率（ていげんりつ）で気温が低下する。また，ヨーロッパの位置するユーラシア大陸西岸は東岸に比べて気温が高くなっている。これは海洋の影響を受けているためで，大西洋を北上する暖流（北大西洋海流）やその上を吹く偏西風により熱が輸送され，高緯度地域でも気温の年較差が小さい温暖な気候が広がっている。一方，同じ海洋の影響でも，南半球の大陸西岸は沿岸を北上する寒流の影響を受けて気温が相対的に低くなっている。

❀ 気温の年較差は緯度と隔海度によって規定される．高緯度ほど日照時間の季節変化が大きく，気温の年較差も大きい．また，海洋の比熱が大きいため，沿岸域では冬季の気温が低下しにくく，気温の年較差は小さくなる（海洋性気候）．

世界の降水量の分布をみると，ハドレー循環の影響を受けて，熱帯収束帯が形成される赤道に近い場所では降水量が多い（図 7-6）。その一方で，ハドレー循環の中で下降気流が卓越し，亜熱帯高圧帯が位置する緯度 30 度付近では降水量が少ない地域が帯状にみられる。

熱帯収束帯以外でも降水量の多い地域がみられる。北半球では，緯度 30 ～ 50 度の太平洋と大西洋上で降水量が多く，これは偏西風に沿って温帯低気圧が発生するためである。また，ユーラシア大陸の南東から南の地域では，モンスーンの影響で降水量が多くなっている。南半球では，パプアニューギニアから南太平洋にかけて，南太平洋収束帯と対応した降水量の多い地域がみられる。

❀ 南太平洋収束帯は南半球の夏季（1 ～ 3 月）に活発化し，オーストラリア北部からフィジーやサモアにかけて多量の降水をもたらす．

降水量が少ない地域は，極循環で下降気流が卓越する極域のほか，海洋からの距離が離れた場所や大規模な山脈の風下側にみられる。また，南半球のアフリカ大陸や南アメリカ大陸の西岸では，沿岸を北上する寒流の影響で大気が安定するため，降水量が少ない地域が広がる。

こうした気温と降水量の分布やその季節変化などにもとづき，ケッペンの気候区分図のような気候の類型化が行われてきた。そして私たちは，気候区分図を用いて，自分たちが暮らす地域の気候と比較しながら，世界各地の気候をとらえているのである。

コラム：気候システムと地球温暖化

放射エネルギーを媒介するのは大気だけではなく，海洋や生態系も関与している．また，雪氷や陸面状態はアルベドなどを変化させ，人間活動は大気による放射エネルギーの吸収や放出に作用することで，地球全体の放射収支に影響している．すなわち，気候は大気の諸現象だけでは説明できず，海洋，生物，陸面の状態，人間社会などとの相互関連性を含めた気候システムとして俯瞰的に理解する必要がある（図 7-7）．

海洋は気候システムの中で重要な役割を果たしている．例えば，表層での海流の循環は，大気循環と同様に，緯度方向への熱輸送を担っている．また，海洋と大陸の熱に対する性質の違いは，アジア・モンスーンのような大陸スケールの気候を形成しており，エルニーニョ南方振動（ENSO：El Niño-Southern Oscillation）のような大規模な海水温の変動は，大気と海洋との相互作用を通じて，世界各地の気候に影響している．植生などの陸面の状態も気候システムに寄与している．アルベドや植物活動による炭素の吸収・蓄積も重要だが，むしろ地域の気候に対しては，大気と陸面との間でのエネルギーのやりとり（熱収支や水循環）を通じた影響が大きい．例えば，南米のアマゾン熱帯雨林では，降水量の大部分が森林の蒸発散から再循環した水であり，森林が失われると気候が乾燥化すると予測されている（Davidson et al. 2012）．

このように気候システムは大気とその他の構成要素との相互作用で成り立っているため，構成要素やそれらと大気との相互作用の変化は気候変化をもたらす．20 世紀後半より顕在化した地球温暖化はその一例であり，化石燃料の大量消費や過度な森林伐採などの人間活動により，気候システムにおける構成要素間の相互作用が変化することで生じた地球規模の気候変化と理解できる．気候システムとしてとらえることで，複雑な相互作用を考慮した地球温暖化の将来予測が可能となりつつある．

現在，新たに大量の観測データや知見が蓄積され，気候システムの解析が飛躍的に進みつつある．その一方で，気候システムの構成要素である生態系や人間社会は，それ自体が多様な要素とそれらの相互作用から成り立つシステムであるため，気候システムにおける構成要素間の相互作用の統合的な理解は未だ十分でない．気候変動の将来予測やその影響評価はよりチャレンジングなものとなっており，地理学のような多様な構成要素を包括的に取り扱うことができる学問領域の果たす役割が重要となっている．

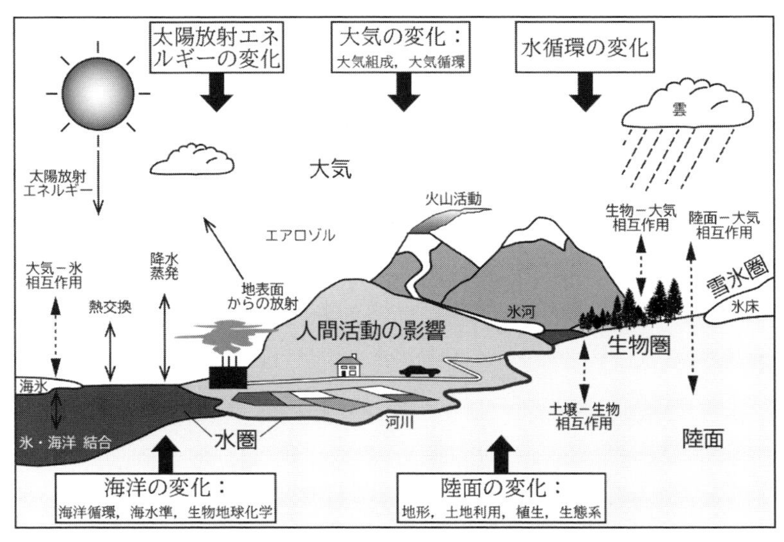

図 7-7 気候システムを構成する要素とそのプロセスおよび相互作用（IPCC 2007 より作成）

（吉田圭一郎）

❀ エルニーニョ南方振動（ENSO）は，ペルー沖から日付変更線付近までの海面水温が平年よりも高い状態が 1 年以上続くこと．

8　身近な気候と人々の暮らし

1．気候とかかわる生活文化

自然環境は人々の生活基盤であり，私たちの衣食住や自然利用を制約している。他方，私たちは自分たちが暮らす場所の自然環境に様々な工夫を施しながら適応し，自然環境による制約を克服して快適に生活するための技術や社会システムをつくりあげてきた。こうした双方向の人と自然のかかわりにより，世界には多様な生活文化がみられる。

人々の暮らしは少なからず気候に影響を受けている。世界には様々な気候がみられ（図 8-1），各地で気候と対応した様々な生活文化がはぐくまれている。日本に暮らす私たちの生活も，四季折々に特徴的な気候と深くかかわっている。地域ごとに特色のある生活文化を理解するためには，暮らしと気候との関連性や身近な気候を学習することが必要不可欠である。

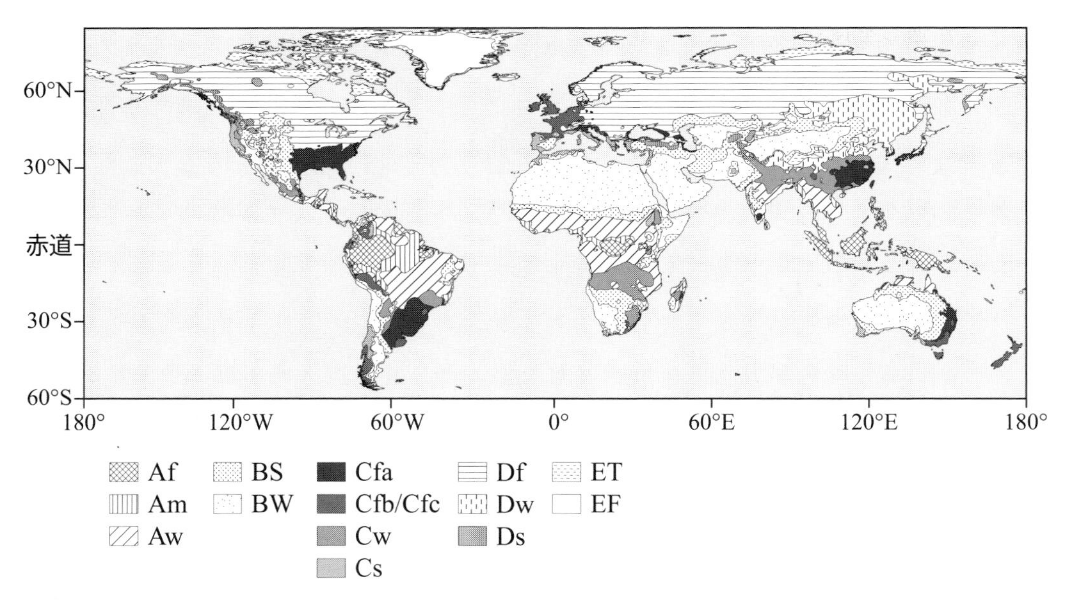

図 8-1　ケッペンの気候区分図（Peel et al. 2007）
ケッペンの気候区分図では，月平均気温や月降水量などにもとづいた世界全体の気候区分が示されている．当初は，気候と植生景観との対応関係から経験的につくられたが，現在では気象観測データにもとづいて改訂されたものが用いられている．南極は全域が氷雪気候（EF）のため省略した．

2．気候の寒暖と生活文化

気温やその季節変化は人々の生活に強く影響し，人々は居住環境や衣服に様々な工夫を凝らして，それぞれの気候における暑さや寒さにうまく対応して暮らしている（表 8-1）。

暑さへの対応には，まず遮熱性を高めることが挙げられる。夏季に暑く乾燥する地中海沿岸では，熱を通しにくい石造りの厚い壁による住居が一般的で，昼間の強い日

表 8-1　気候に対応した住居や衣服

	伝統的な住居や建物など		伝統衣装や衣服（素材，名称と主な国・地域）
	機能	素材や構造など	
暑さ	遮熱性	石造り，レンガ造り，白い外壁，小さい窓，鎧戸	素材：絹，綿，麻など 浴衣（日本），アオザイ（ベトナム），パレオ（タヒチ），サリー／ドゥティ（インド），カンドゥーラ／アバヤ（アラブ諸国），ガラビア（エジプト）
	通気性	高床式，開放的な間取り，少ない壁，通気口（バードギル）	
	その他	水上家屋	
寒さ	断熱性・保温性	ログハウス，雪（イグルー），二重窓，床下に家畜の糞（ゲル）	素材：毛皮，羊毛，フェルトなど コルト（北欧），アノラック（カナダなど），ポンチョ（アンデス），ウシャンカ（ロシア）
	暖房	床暖房（オンドル），セントラルヒーティング，ペチカ，暖炉	

射を避けるため壁を白塗りにしたり，窓の外側に木製の鎧戸（「ペルシアーナ」などと呼ばれる）を設けたりして，建物の中を涼しくする工夫がなされている。

高温に加えて多湿となる地域では，快適に過ごすために通気性も重要となる。そのため，熱帯域の農村部では，家屋を地面から離して高床にしたり，壁を少なくしたりして，風通しを良くした住居に人々は暮らす（図 8-2）。夏季に湿度が高くなる日本でも通気性は重要であり，日本の伝統的な住居には，部屋を区切る襖などをはずすと開放的な間取りとなったり，大きな庇のある間口の大きな縁側があったりするなどの特徴がみられる。

暑さをしのぐための工夫は，人々の衣服にもみられる。例えば，インドの伝統衣装であるサリーやドゥティは，吸湿性のよい綿などを素材とした一枚布であり，ゆったりとして通気性が良く，暑い気候の中でも快適に過ごせる。砂漠気候で，気温が高く乾燥するアラブの国々では，強い日射と砂埃を避けるために頭部を含めて全身を覆うカンドゥーラやアバヤと呼ばれる伝統衣装を人々は身につけている。

寒さに対しては，生活空間の快適な空気を外へ逃さないように断熱し，保温することが重要となる。例えば，北ヨーロッパやシベリアでは，豊富な森林資源を活かし，断熱性の高い丸太を組み上げたログハウスが多くみられる。暖かい空気が外へ流れ出るのを防ぐため，窓や出入り口などを二重にするといった工夫もなされている。また，北アメリカのツンドラ地域に暮らすイヌイットの人々は，定住化する以前，冬季には

図 8-2　サモアでみられる壁の少ない家屋（ファレ）

図 8-3　1865 年に描かれたフロビッシャー湾付近のイヌイットの村の様子（Hall 1865）

断熱性にすぐれた雪のブロックを用いて半球ドーム型の住居（イグルー）をつくり，暮らしていた（図 8-3）。

寒い季節に外出する際には，人々は保温性の高い衣服を着用する必要がある。寒さが特に厳しい地域では，防寒性や防水性にすぐれた動物の毛皮を素材として用いるのが一般的で，人々はできるだけ素肌を外気にさらさないような工夫をした衣服を着ている。動物の毛は空気を保持して保温性が高く，吸湿性にすぐれて着心地も良いことから，世界中で広く利用されており，羊毛（ウール）製のセーターなどは私たちの生活に欠かせないものとなっている。昼と夜との寒暖差が大きいアンデス高地では，アルパカやリャマの毛を用いてつくられた，着脱が容易な外套（ポンチョ）が有名であり，現在でも着用する人々が多い。

3．限られた水資源と乾燥地の暮らし

❀
乾燥地の地下水路については『人文地理学』第 11 章でも扱う．

水は私たちの暮らしに必要不可欠であり，降水量の多寡は人々の生活を強く制約している。乾燥した地域では水資源の重要度がとても高く，人々の多くは水を得やすいオアシスや外来河川沿いに居住している（図 8-4)。また，限られた水資源を効率よく得るため，水源から地下水路（「カナート」や「フォガラ」などと呼ばれる）によって引水したり，雨水を雨どいなどから集水して貯留したりするなどしている（図 8-5)。乾燥地では井戸による地下水の利用も一般的である。井戸水の中には，塩分が高く飲料に適さないものもあるが，そうした水はラクダなど家畜の飲料用とし，塩分が低くなったラクダの乳を利用するなど，人々は巧みに水分を摂っている。

❀
乾燥地での農業については『地誌学』第 14 章も参照のこと．

水は飲料などの生活用水だけでなく，農業にも必要であり，乾燥地の人々は水資源を農作物や家畜と分け合って暮らしている。例えば，砂漠のオアシスでは，水源は組合などにより厳格に管理され，生活用水，農業用水，および家畜の飲料用に分配される。農業用水は，水路に設置した分水器や引水できる頻度・時間などによって公平に農地へと流され，ナツメヤシや小麦などを栽培するオアシス農業が行われてきた。乾燥地では，限られた水資源を効率よく利用するための工夫を施し，水を公平に配分するための社会システムを発展させながら人々の生活が営まれている。

図 8-4　ティンジル・オアシスの景観（モロッコ）
Photo by Elena Tatiana Chis, クリエイティブ・コモンズ・ライセンス（表示 継承 4.0 国際）https://commons.wikimedia.org/w/index.php?curid=69174428

図 8-5　雨どいから集水する雨水貯留タンク（ブラジル北東部）
上部が円錐状になっている白い設備が雨水を貯留するタンクで，雨どいからパイプにより集水している．

4. 日本の気候

私たちが暮らす日本は一部を除いて温暖湿潤気候に位置し，世界の中でも温和で，水資源が豊かであり，暮らしやすい気候である。日本では気温や降水量の季節変化が明瞭で，四季折々に特徴的な天候があらわれる。

❀ 北海道は亜寒帯湿潤気候であり，琉球列島や小笠原諸島は亜熱帯気候となる.

❀ 天候：5日間以上の平均的な天気の状態.

日本の夏季は，太平洋高気圧におおわれて，晴天の日が多くなる。日本の南に中心をもつ太平洋高気圧からは水蒸気を多く含む南寄りの風が吹き込み，日本は高温多湿な気候となる。年によっては，偏西風（ジェット気流）の蛇行などが原因となって，日本付近に高層まで到達する背の高い高気圧が発達し，日本では記録的な猛暑となる。また，太平洋高気圧の勢力が弱く，オホーツク海高気圧が発達する年には，東北日本を中心として冷夏となり，梅雨明けが遅れたり，日照時間が短く，気温の上がらない日が続いたりする。夏から初秋にかけては，フィリピン付近から東方にかけての熱帯収束帯で発生した熱帯低気圧が，台風となって太平洋高気圧の西縁を北上し，しばしば日本に襲来する。

❀ 猛暑や台風については第14章も参照のこと.

日本の冬季は，大陸から流入する寒気の影響で，気温が低下し，寒い日が多くなる。放射冷却などによりユーラシア大陸北東部に形成されたシベリア高気圧から乾いた寒冷な季節風が吹き出し（東アジア冬季モンスーン），相対的に暖かな日本海上を通過して，日本付近では水蒸気を多く含んだ北西季節風となる。この北西季節風が日本列島の脊梁（せきりょう）山脈で上昇し，雲を発生させて，日本海側に大量の降雪をもたらす（図8-6）。他方，脊梁山脈の風下側には乾いた風が吹きおろし，太平洋側は晴天となる。上空を流れる偏西風の蛇行が大きくなり，ベーリング海付近の上層にブロッキング高気圧が形成されると（ブロッキング現象），同じ天候が長く続き，北方から強い寒気が日本へ南下して，日本海側での記録的な豪雪や，南岸低気圧にともなう太平洋側での大雪が発生することがある。

❀ 日本海側の雪の降り方には「山雪」と「里雪」の2つがあり，通常は山岳域で降雪量が多い山雪だが，上空に寒気が流入すると平野部で降雪量が多くなる里雪となる．豪雪災害は里雪により発生することが多い.

春季と秋季は，それぞれ冬季から夏季，夏季から冬季へと季節が移り変わる時期にあたり，日々の寒暖を繰り返しながら，南方の暖気と北方の寒気が入れかわる。緯度方向での気温の変化が大きい中緯度では，偏西風の蛇行に対応して温帯低気圧や移動性高気圧が形成される。ユーラシア大陸東岸では温帯低気圧の発生頻度が高く，春季や秋季には，日本付近を温帯低気圧と移動性高気圧が交互に西から東へと通過し，天気が周期的に変化する。

春季・秋季と夏季との間では，季節進行にあわせて，前線帯が段階的に北上あるいは南下する。春季から夏季は梅雨期，夏季から秋季は秋雨（秋霖（しゅうりん））期として知られ，日本付近に前線が停滞し，ぐずついた雨の日が多くなる。梅雨は東

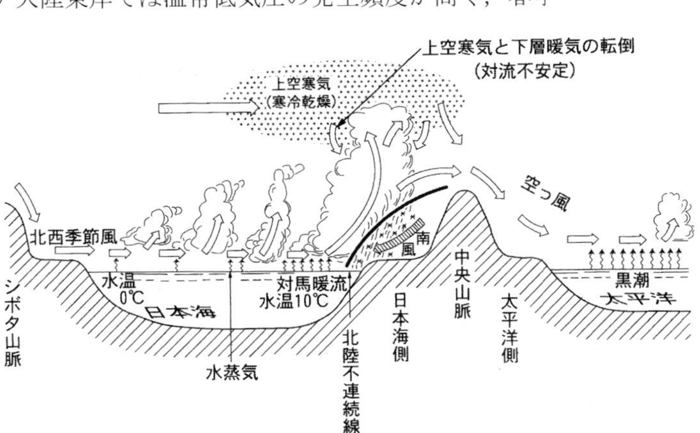

図8-6　冬季の北西季節風により日本海側に雪が降る仕組み（倉嶋 2002）
上空に寒気が流入して，平野部でも大雪となる里雪の様子を示している.

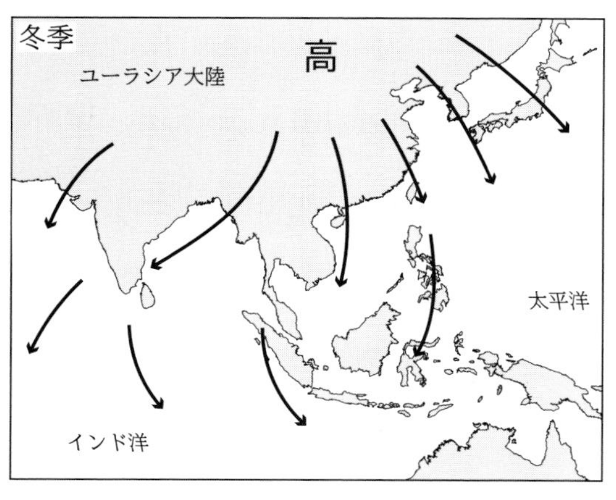

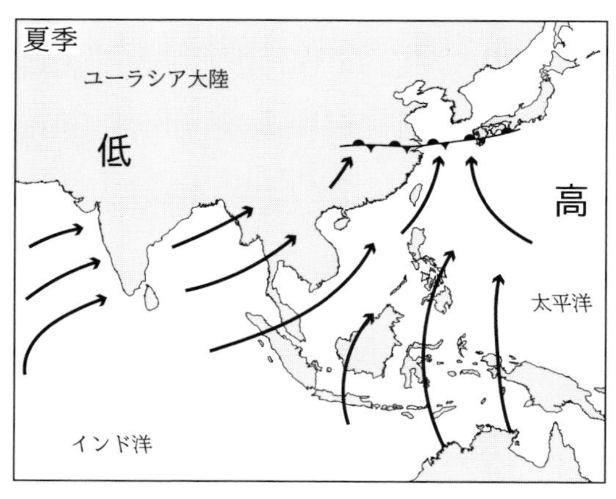

図 8-7　東～南アジアにおける冬季と夏季のアジア・モンスーン

アジアに特徴的な現象であり，中国ではメイユ(Mei-Yu)と呼ばれている。梅雨前線は，インド洋からユーラシア大陸の東岸に沿って流入した夏季のアジア・モンスーンに，北西太平洋からの水蒸気が加わり，オホーツク海高気圧からの冷たい気流とぶつかることで形成される（図 8-7）。梅雨前線は夏季のアジア・モンスーンの北上とともに，5 ～ 7 月にかけて日本列島を北上する。他方，秋雨前線は大陸の冷涼な高気圧と太平洋高気圧との間に形成され，9 ～ 10 月にかけて太平洋高気圧の後退とともに南下する。梅雨期や秋雨期に台風が接近すると，多量の水蒸気が供給されて前線活動が活発になり，大雨や水害を引き起こすことがある。

❀ 前線活動による大雨や水害については第 14 章も参照のこと.

日本の季節変化は，典型的な気圧配置の出現頻度からも読み取ることができる（図 8-8）。冬季はシベリア高気圧が発達した西高東低型（⑥）の出現頻度が高く，夏季は太平洋高気圧が張り出した南高北低型（④）が多くなる。春季と秋季には移動性高気圧がみられる気圧配置（②）となり，梅雨期と秋雨期には前線型の出現頻度が高い（③）。

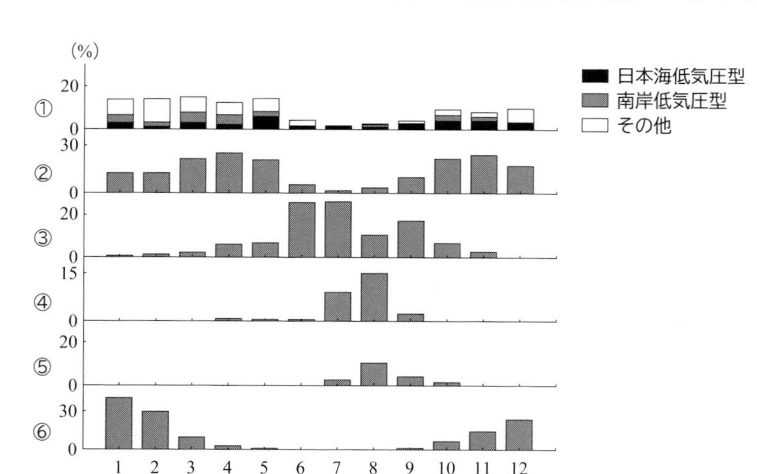

図 8-8　気圧配置型の月別頻度分布（日下 2013）
上から①気圧の谷型（低気圧型），②移動性高気圧型，③前線型，④南高北低型（夏型），⑤台風型，⑥西高東低型（冬型）の月別頻度を表している．横軸が月で縦軸が出現割合を表している．気圧の谷型については日本海低気圧型（黒），南岸低気圧型（灰色），その他（白）の 3 つに区分している．統計期間は 1991 ～ 2000 年.

日本は中緯度に位置しており，季節により高緯度と低緯度の両方の気候の影響を受ける。また，温帯低気圧の発生頻度が高い大陸東岸に位置し，ユーラシア大陸に特徴的なアジア・モンスーンの影響も受ける。こうした地理的な位置により，日本の気候は世界の他の地域に比べて季節変化の大きい多様なものとなっている。

コラム：日本の気候景観

気候は自然環境や人間生活に影響するため，その痕跡を風景の中に残すことがある．こうした気候現象により形づくられる痕跡は「気候景観」と呼ばれ，地域特有の自然景観や文化景観として見いだすことができる．気候景観は，その地域に特徴的な気候特性を表現しているだけでなく，気候と人々の生活との相互作用を視覚的に把握できるという点で重要な意味を持つ．

気候は小スケールでも他の自然環境に作用し，特徴的な自然景観を形成する．例えば，日本の山岳の高標高域では，冬季の強風による影響で樹木の片側が失われた偏形樹が多くみられる．また，冬季の北西季節風により，脊梁山脈の稜線付近では東西で積雪量が異なり，稜線を境界に異なった植生景観が作り出されている（図 8-9）．

私たちは身近な気候に適応するため様々な生活上の工夫をしながら暮らしており，文化景観の中には人々の生活と身近な気候との密接な関係を示す気候景観を見出すことができる．例えば，砺波平野の散居村では，井波風と呼ばれる局地的な強風などから家屋を守るため，南西側に屋敷林を持つ住居が多い（図 8-10）．また，多雪地域では縦になった信号機や，凍結防止のために地下水を散布する消雪パイプを敷設した道路がみられる．

人々の暮らしの中で形成されてきた気候景観は，他の文化景観と同様に，社会環境の変化とともに失われつつある．これは，気候景観を構成する事物が担ってきた機能が別のもので代替されたり，市街地化や宅地化が進んだりすることで，人々の生活と気候とのかかわりが変化していることを示している．近年では，ヒートアイランドや地球温暖化など人間活動が作用して気候を変化させる事例がみられ，地理的な見方・考え方から人々の生活と気候との相互作用についてのさらなる研究が望まれる．

図 8-9　八甲田山（青森県）の東西での植生景観の違いとオオシラビソの偏形樹

図 8-10　砺波平野（富山県）の屋敷林

❀ 砺波平野の集落形態については『人文地理学』第 9 章を参照のこと．

（吉田圭一郎）

9　気候と生物群系

1. 気候と生物

気候条件は，植物をはじめとした生物の生育を強く支配する要因であるため，生物の地理的分布は気候と対応する。生物は，気候や地形の影響を受けた非生物的な環境要因（光，大気，水，温度など）とかかわりながら，多様な自然環境を形づくっている。私たちは，こうした生物の活動を通じて，生態系から社会の維持や日々の生活に必要な様々な恩恵を得ており，自然資源の持続的な利用を実現するためには，生物が主体となった自然環境の理解が必要である。

2. 生物群系（バイオーム）とその地理的分布

生物集団の地理的分布を表す際には，図 9-1 のような生物群系（バイオーム）の区分が用いられる。生物群系は地球規模での生物分布を類型化したものであり，相観や植物相の種組成などにより区分されることが多いことから「植物群系」とも呼ばれる。植物を主体にした場合には植生が使われることもあり，縮尺が大きくなると，植物群系よりも植生を用いた区分が一般的となる。世界の陸域の生物群系は，森林，草原，砂漠，およびツンドラに区分され，森林は構成樹種の特徴などによってさらに細分される。

❀
相観とは植物の形態的な特徴（樹木－草本，常緑－落葉，群落高や疎密など）により植物集団を類型化する考え方で，フンボルトが『植物地理学試論及び熱帯地域の自然像』の中で提唱した．フンボルトについては第１章も参照のこと．

生物群系の地理的分布は気候条件と密接に関連する。これは，地理的に遠く離れ，系統や種組成が異なる生物集団であっても，同じような気候条件下では，同じような生活形をもつ植物が生育し，相観が類似するためである。

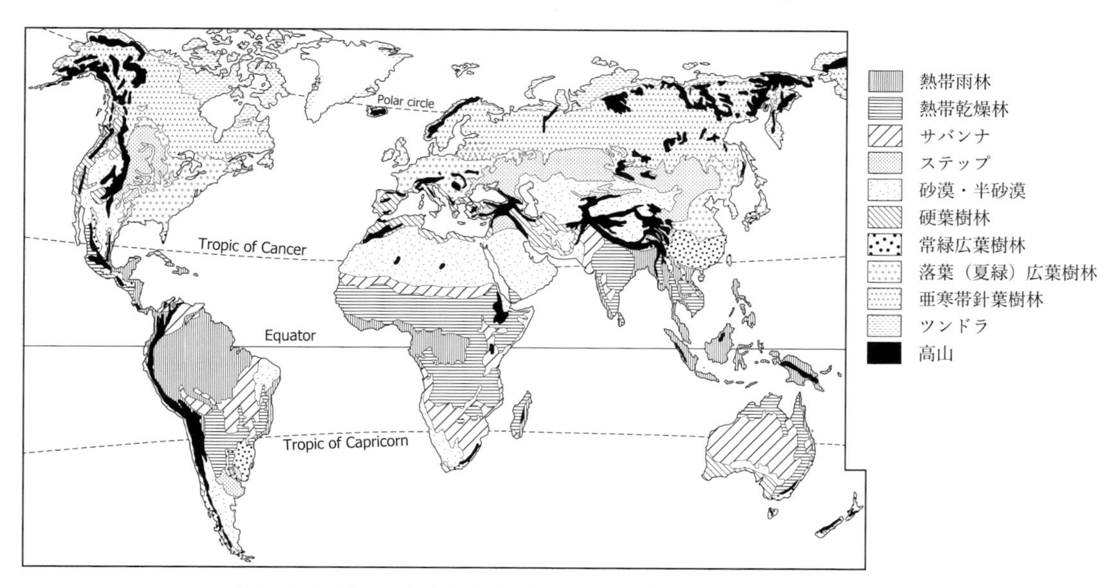

図 9-1　世界の生物群系（バイオーム）の分布（Walter 1973 より作成）
生物群系は動物，植物，土壌生物を含む生物群集の大分類で，同じような環境にある植物相と動物相によって区分される．吉田（2021）の図を一部改変．

生物群系の地理的な分布は，おもに気温と降水量により説明することができる（図9-2）。温暖で寒すぎず，かつ湿潤な地域は樹木の生育に適しており，森林が成立する。森林は緯度に沿って気温の低下とともに変化し，赤道周辺に分布する熱帯雨林から，中緯度の温帯林（常緑広葉樹林や落葉広葉樹林）を経て，亜寒帯針葉樹林へと移行する。亜寒帯針葉樹林の分布限界（森林限界）を越えた，高緯度地域にはツンドラがみられる。また，降水量によっても森林は変化し，熱帯では降水量の減少にともない熱帯雨林から熱帯乾燥林へと移り変わる。熱帯乾燥林よりも降水量が少なくなると森林は成立せず，樹木がまばらなサバンナとなり，さらに降水量が少ない地域には半砂漠や砂漠が広がる。

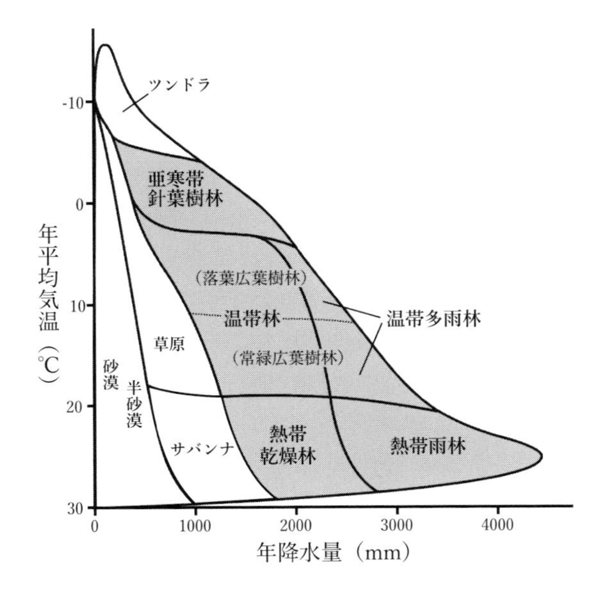

図 9-2　主要な生物群系と気候条件との関係
（Ricklefs 2008 より作成）
森林をグレーで示した．また，温帯林・温帯多雨林は落葉広葉樹林と常緑広葉樹林とに区分した．吉田（2021）の図を一部改変．

こうした気候要素の傾度に沿った生物群系の空間変化は連続的で，境界は曖昧なことが多い。また，場所によっては地形や土壌の影響を少なからず受け，実際の生物群系の分布は複雑なものとなっている。

3．気候と対応する日本の植生分布

温暖で降水量が多い日本は，全体が森林の生物群系に含まれる。日本列島は南北に細長く，また3000 m を超える脊梁（せきりょう）山脈があることから，多様な森林植生が分布している（図 9-3，図 9-4）。

琉球列島から九州や四国などの西南日本は，熱帯・亜熱帯域から連続する常緑広葉樹林が分布する。シイやカシなど，一年を通して葉をつけたままの常緑広葉樹が優占した森林で，クチクラ層が発達して葉の表面に光沢がある樹種を多く含むことから，「照葉樹林」とも呼ばれている。

❀ クチクラ層：葉の表面を覆うロウ状の透明な皮膜で，気孔以外の場所からの水分蒸発を防いだり，葉の内部の細胞を保護したりする役割を果たしている．

関東以北の東北日本には落葉広葉樹林が分布する。落葉広葉樹林では，ブナやミズナラなど，生育に適さない冬季に葉を落として休眠する落葉広葉樹が優占する。

北海道は，落葉広葉樹林と北東アジアの大陸部へと連続する亜寒帯針葉樹林との移行部になっており，ミズナラやイタヤカエデなどの落葉広葉樹と，エゾマツやトドマツなどの常緑針葉樹が入り混じった針広混交林が広く分布する。北海道の北部や東部では常緑針葉樹の占める割合が増え，最北部に位置する利尻島では，落葉広葉樹をほとんど含まない亜寒帯針葉樹林（北方林）が成立している。針広混交林は，太平洋側の常緑広葉樹林と落葉広葉樹林との移行部にもみられる。北海道のものとは異なり，温帯性の常緑針葉樹であるモミやツガが広葉樹林に混交した森林で，「中間温帯林」と呼ばれる。

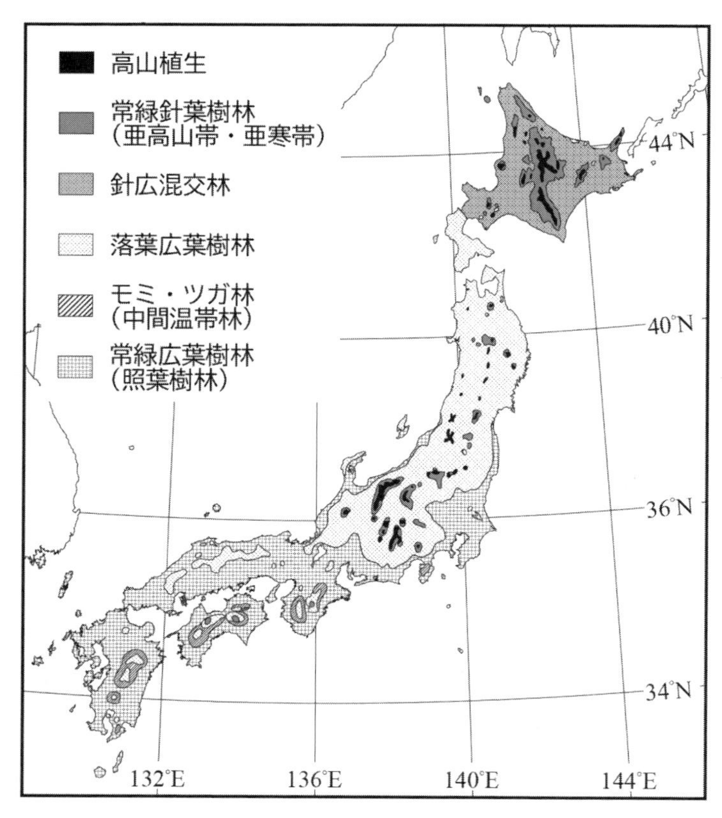

図 9-3 日本の主な植生分布（吉岡 1973 より作成）
高山植生にはハイマツ帯が含まれており，亜寒帯針葉樹林と亜高山帯針葉樹林をまとめて常緑針葉樹林とした．

図 9-4 日本の主な森林植生
a. 亜寒帯針葉樹林（利尻島）
b. 針広混交林（知床半島）
c. 落葉広葉樹林（白神山地）
d. 常緑広葉樹林（屋久島）

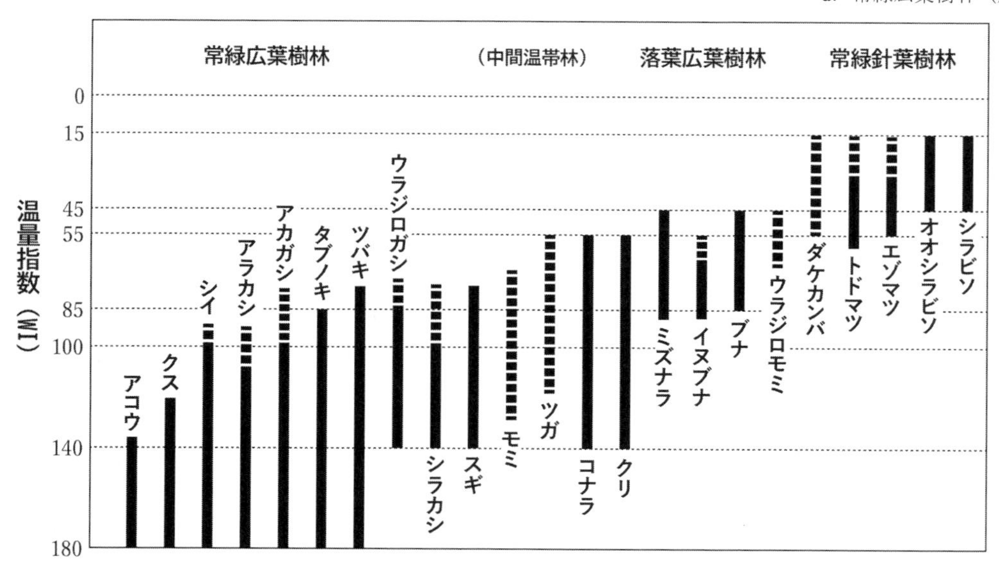

図 9-5 日本の樹木の分布帯と暖かさの指数（WI）との関係（吉良 1971 より作成）
実線は水平分布，破線は垂直分布による調査結果．主要な林冠構成種のみを抽出して作成した．

表 9-1　日本の植生区分と気候との対応

植生区分	移行域	暖かさの指数	気候帯	垂直分布	主な森林タイプ
ツンドラ		0～15	寒帯	高山帯	高山植物
		森林限界			
	（ハイマツ帯）				
常緑針葉樹林		15～45	亜寒帯	亜高山帯	トドマツ林 オオシラビソ林
	（針広混交林）				
落葉広葉樹林		45～85	冷温帯	山地帯	ブナ林 ミズナラ林
	（中間温帯林）				
常緑広葉樹林		85～180	暖温帯	低山帯	タブノキ林 スダジイ林
		180～240	亜熱帯		スダジイ林

森林が成立するのに十分な降水量がある日本では，植生分布はおもに気温によって決まっている。落葉広葉樹は冬季に活動しないことから，日本のような気温の年較差が大きい地域では，植生分布は単純な平均気温ではなく積算温度とよく対応する。

日本の植生分布を表す指標に，積算温度の 1 つである暖かさの指数（WI：Warm Index）がある。暖かさの指数は，5 ℃を植物が活動できる低温の限界値として，月平均気温が 5 ℃以上になる月について，月平均気温から 5 を引いた値を 1 年分積算したものである。暖かさの指数が大きいほど，温暖で活動できる期間が長いことを示す。同じ植生区分に優占する種群の暖かさの指標の分布範囲は，概ね一致しており（図 9-5），日本の植生分布は暖かさの指数とよく対応している（表 9-1）。

❀ 暖かさの指数は寒さの指数（CI：Cold Index，月平均気温が 5 ℃未満になる月について，5 から月平均気温を引いた値を積算）とともに「温量指数」とも呼ばれる．

植生は緯度方向だけでなく，標高に沿っても変化する。緯度方向に沿った植生変化は水平分布とされるのに対して，標高に沿った植生変化は垂直分布という（図 9-6）。植生の垂直分布の変化は水平分布と同様であり，本州中部では標高に沿って，常緑広葉樹林，落葉広葉樹林，常緑針葉樹林の順に推移する。水平分布における常緑針葉樹林は亜寒帯針葉樹林と呼ばれるのに対して，垂直分布では亜高山帯針葉樹林と呼ばれる。垂直分布における各植生の分布範囲は緯度が高いほど低標高域へと移動する。

日本は世界の中でも積雪量が多い地域であり，多雪環境に対応した植生がみられることも特徴となっている。例えば，落葉広葉樹林は日本海側と太平洋側とでは大きな違いがあり，太平洋側ではブナとともにミズナラやカエデ属が混交する種多様性の高い森林であるのに対して，日本海側ではブナが林冠（りんかん）に占める割合の高いブナ優占林となっている。こうした日本海側と太平洋側とで植生が異なる背腹性（はいふくせい）は亜高山帯針葉樹林でもみられ，積雪量の違いが大きな要因となっている。東北地方の日本海側の亜高山帯域は積雪量が特に多いため，常緑針葉樹林が成立せず，高山植物を混じえたササ草原や落葉性低木林がみられる（「偽高山帯」）。また，かつては高山帯とされたハイマツ帯も，日本の山岳域が最終氷期以降に多雪化する過程で，グイマツなど高木性の針葉樹が欠落して成立したものと考えられるようになり，現在で

図 9-6　燧ヶ岳（ひうちがたけ）（福島県）における植生の垂直分布
ブナによる落葉広葉樹林から，オオシラビソやコメツガによる常緑針葉樹林を経て，山頂周辺はハイマツ帯となっている．

は亜高山帯上部の植生として位置づけられている（表 9-1）。こうした多雪環境に適応して形成された植生によって，日本の植生は大陸とは異なった固有性の高いものとなっている。

4．地形に影響を受ける植生

気候条件に大きな差がないミクロスケールでは，地形と対応した植生分布がみられる。これは，地形により植物の生育にかかわる要因（気候や土壌）に局所的な差異が生じて，植生構造や種組成が変化するためである（図 9-7,「形態規制経路」）。例えば，尾瀬ヶ原から至仏山（しぶつさん）を見ると，斜面上部では尾根を挟んで植生が明瞭に区分され（図 9-8），これは地形による立地環境の違いが影響している。すなわち，尾根の北側は冬季の季節風の風上側で，積雪深は比較的小さく，ハイマツが主体となった植生が成立するのに対して，尾根の南側は風上側からの雪が吹き溜まって積雪深が大きくなり，高山植物などによる草本植生が成立している。日本では，こうした地形によって空間的に不均質になる植生景観と，非生物的な環境との相互関連性について，地生態学においておもに検討されてきた。

また地形は，その形成プロセスが植生分布に影響することがある。これは，地形形成にともなう地表変動が，その場所に成立する植生を破壊する撹乱となるためで（図 9-7,「撹乱規制経路」），撹乱を受けた場所と受けなかった場所とでは植生に明瞭な違いが生じる。例えば，上高地にある沖積錐では，間欠的に起こる土石流によって森林植生が破壊され，時期の異なる土石流跡に対応した植生分布がみられる（図 9-9）。地表変動などの撹乱をともなう地形形成プロセスは，植生分布に直接影響する要因であり，植生の成立過程が関与して，地形と対応した植生分布が形成される。

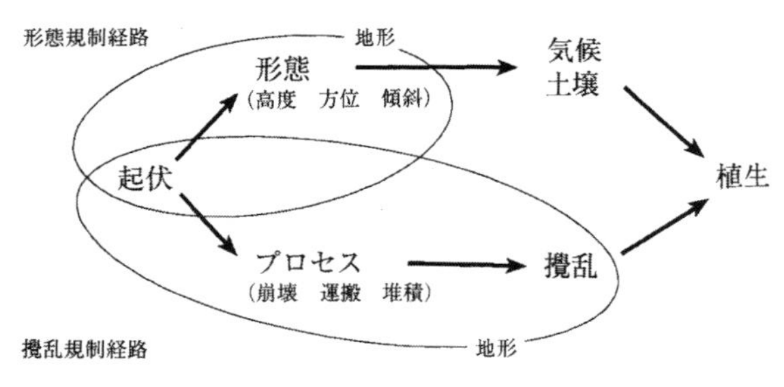

図 9-7　地形因子が植生に作用する 2 つの経路（菊池 2001）

図 9-8　至仏山の東向き斜面の植生景観
尾根を挟んで植生が異なっている様子がみられる．

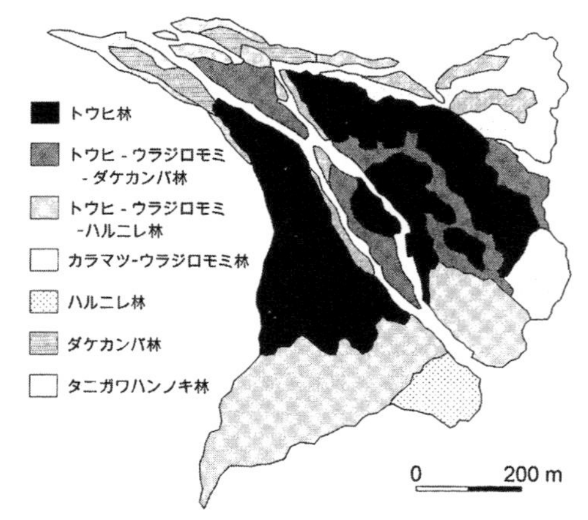

図 9-9　上高地の沖積錐における土石流に影響を受けた植生分布（高岡 2016）
土石流で破壊された場所には，ウラジロモミやダケカンバの混交する森林が成立するなど，地形形成プロセスにともなう地表変動が植生分布に影響している様子が読み取れる．

5．植生分布にかかわるその他の要因

私たちが目にする植生景観には，気候や地形だけでなく，土壌や水文など様々な非生物的な環境がかかわっている。また，それらに加えて，植生の成立過程や生物間の相互作用（種間競争を通じた共存や排除，動物とのかかわりなど）も関与している。さらには，最終氷期から現在までの長期的な気候変化や人間活動も影響している。日本の植生分布を正しく理解するためには，本書の他の章を含めた自然地理学全体への理解を深めるとともに，生物学や林学など隣接他分野も含めた学際的なアプローチが必要となる。

コラム：生態系と生態系サービス

生物群系を構成する動物や植物は，他の生物や大気・土壌などの非生物的な環境とエネルギーや物質のやりとりをしている．こうしたやりとりを通じて，生物どうしや生物と非生物的な環境は結びつき，機能的なまとまりのある生態系（ecosystem）を形づくっている．

生態系の中で，生物と非生物的な環境（光，大気，水，温度，無機塩類など）とは，エネルギーや物質のやりとりによって，相互にかかわりあっている．そのため，生物集団の地理的分布や時間変化を理解するためには，気候や地形などとの単純な対応関係だけでは不十分であり，非生物的な環境要因に対する生物の応答や，生物が非生物的な環境要因に与える影響についても検討する必要がある．特に，環境変化や人間活動による影響を検討する際には，生態系における生物と非生物的な環境との相互作用や生態系機能への理解が重要となる．例えば，熱帯雨林の大規模な伐採は，単なる森林面積の減少にとどまらず，森林内に蓄えられた炭素の大気中への放出や構成樹木を通じた蒸散の減少を引き起こし，気候にも多大な影響を及ぼすことにつながっている．

私たちの社会は，生態系から多種多様な恩恵を享受している．熱帯雨林は大量の炭素を保持しており（大気調節機能），また急傾斜の山地斜面にある森林は洪水を防いだり，水資源を適度に下流域に供給したりする（水源涵養機能）．こうした生態系の様々な機能を通じて私たちが得ている恩恵は「生態系サービス」などと呼ばれ，私たちの生活や社会を維持する基盤として欠くことができない重要なものとなっている（表 9-2）．生態系サービスを持続的に利用するためには，生態系の構造や機能を理解し，適切な管理や保全を行うことが必要である．このことにより，自然と共生する持続可能な開発の実現が可能となる．

表 9-2　森林が保持する主な生態系サービス（奥田ほか 2002 より作成）

●物質生産機能（木材生産，その他の林産物生産など）
●気象緩和機能（極端な気温変化の緩和，乾湿調整など）
●大気調節機能（炭素蓄積，酸素供給，塵埃吸着など）
●水源涵養機能（水の貯留，水質浄化）
●浸食防止・自然災害軽減機能（水食・風食防止，がけ崩れ防止など）
●土壌保全機能（土壌形成，栄養塩循環調節など）
●生物多様性保全機能（野生生物の保護，遺伝子資源の保全など）
●保健文化機能（レクリエーション，自然信仰，学習・芸術など）

（吉田圭一郎）

10　水文環境

1. 資源としての水

「湯水のように使う」という言葉があるが，水道の蛇口からいつでも飲むことのできる水が出てくるのは日本の特長である。世界の国々をみわたすと，そのような恵まれた国は少ない。

例えば，ヒマラヤ山脈からの雪解け水を有するネパールは，1 人当たりの利用可能水量は世界でもトップクラスで，地球の総淡水量の約 2.7 %を有しながらも，慢性的な水不足に悩まされている。ネパールの政治的混乱や利水計画の失敗，首都カトマンズにおける過度の集住によって，安全な水の入手は困難になっている。カトマンズでは，5 世帯に 1 世帯が水道や井戸が自分の家に無く，全世帯の 3 分の 2 が清潔とも安全とも言い難い水で生活しており，その水の供給は共同の水汲み場に頼っている（図 10-1）。

❀ SDGs については『人文地理学』第 11 章を参照のこと.

国連の「持続可能な開発のための国際目標（SDGs）」のなかには，「安全な水とトイレを世界中に」という項目が掲げられている。世界全体をみると，すべての人に行き渡らせるのに十分なだけの水量が存在しているが，国によって水の流入量や水資源の分配に大きな差があるという問題点がある。また，水資源と人口の分布が一致しないことも多い。このように，水は地域により偏在する資源である。ここでは人と水の関係を考えるうえでの基礎的事項として，地球に存在する水の特徴を学ぶことにする。

図 10-1　カトマンズの水汲み場
人々は水桶を並べて配水を待つ.

2. 地球の水の量とその循環

「水の惑星」とも呼ばれる地球には，約 13.51 億 km^3 の水が存在すると考えられている。ただし，その 97.47 %は海水であり，淡水は 2.53 %にすぎない（図 10-2）。また，淡水の大部分は南極や北極などの氷河や氷床，さらには地下水として存在している。そのため，河川や湖沼などの人が利用しやすい状態で存在する水に限ると，その量は地球全体の約 0.01 %でしかない。

ところで，地球に存在する水は循環している（図 10-3）。海水は蒸発して水蒸気になり，凝結して雲となり，雪や雨として陸地に降り，再び蒸発したり地中にしみ込んだり，河川となって海に戻る。地球の水は数千年，数万年といった時間スケールでは，その総量は変化せずに循環を続けている。

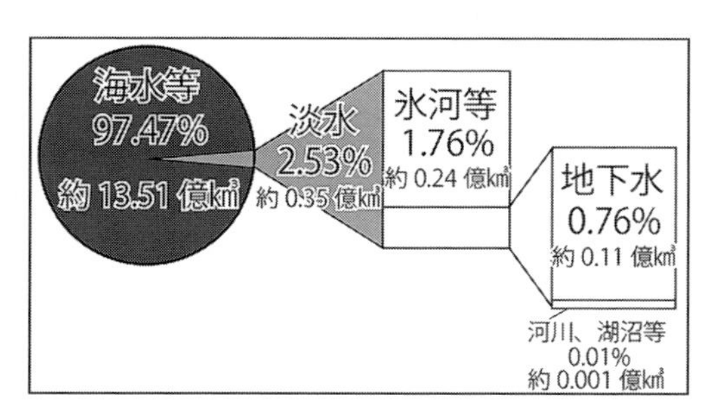

図 10-2　地球の水の量の内訳
（内閣官房水循環政策本部事務局 HP より作成）

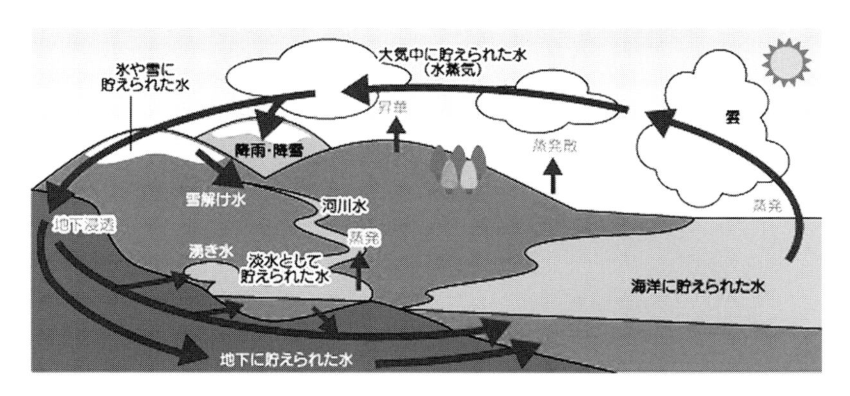

図 10-3　地球の水循環（環境みやざき推進協議会 HP）

3．海水の特徴

海水がどのように誕生したのかについては，様々な説がある。一般的には，46 億年前の地球の形成期に小惑星が次々に激突と合体を繰り返して原始地球を形成した後，地球内部の含水物質の水分が熱エネルギーによって蒸発し，地表に現れたと考えられている。

45 億年ほど前，地表から噴出した多量のガスには水素や塩素，水蒸気などが含まれていた。なかでも塩素ガスは水に溶けやすい性質をもっており，雨と一緒になって塩酸の雨として地表に降り，海に溶け込んでいった。そのため当時の海水は強い酸性を示す，いわば塩酸の海であった。その後，長い年月の経過とともに，海中の岩石に含まれるカルシウムや鉄が溶け出し，それらが海水に混じることによって，次第に海水は酸性から中性に変化し，現在の海水となった。

現在の海水は，96.6 %ほどの水と約 3.4 %の塩分で構成されている。塩の成分は，塩化ナトリウムが 77.9 %で大半を占めている。以下，塩化マグネシウムが 9.6 %，硫酸マグネシウムが 6.1 %，硫酸カルシウムが 4.0 %，塩化カリウムが 2.1 %，その他が 0.3 %となる。

4．海洋循環

海洋における水の流れは，海面を吹く風の働きによって生じる「風成循環」と，水温や塩分からくる密度の違いによって生じる「熱塩（ねつえん）循環」とに分けられる。

このうち風成循環は，深さ数 100 m までの表層の流れ（表層流）であり，日本近海の「黒潮」や「親潮」と呼ばれる海流は，北太平洋をめぐる風成循環の一部である（図 10-4）。

一方，熱塩循環は，数 100 m 以

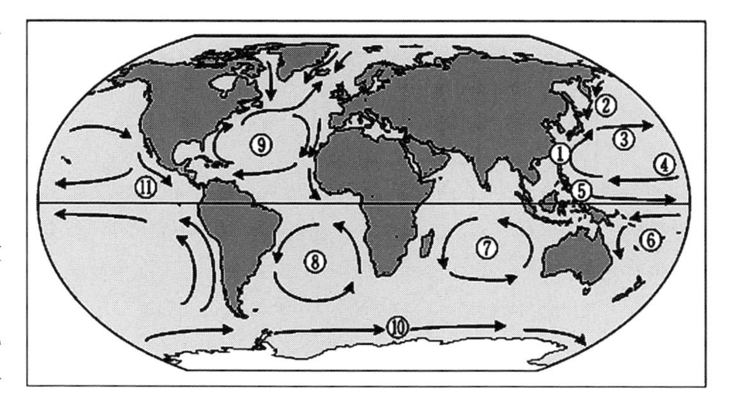

図 10-4　世界の主な海流（気象庁 HP）
①黒潮　②親潮　③北太平洋海流　④北赤道海流
⑤赤道反流　⑥南赤道海流　⑦南インド海流　⑧南大西洋海流
⑨北大西洋海流　⑩南極海流　⑪カリフォルニア海流

❀
海洋大循環と気候変化の関係については，第 11 章で詳述する．

深の深層の流れ（深層流）であり，秒速 1 cm 程度で極めてゆっくり流れながら，平均 1000 年（最長 2000 年）程度の時間をかけて全海洋を循環する。一般に，海洋の表面水温は北極や南極に近い高緯度地域で低温となり，塩分は大西洋の方が太平洋よりも高い。そのため，低温で塩分の高い水，つまり密度が高く「重い」海水は，北大西洋のグリーンランド沖などに多く分布し，そこで表層から深層への強い沈み込みが発生すると考えられている。

こうした海洋大循環は，膨大な量の水や熱，各種の化学物質を輸送する役割を果たすとともに，気候変動にも影響を及ぼすといわれている。地球温暖化によって，海水温の上昇や，氷河・氷床の融解による塩分の低下が進むと，海洋大循環が変化し，地球の気候が大きく変化する可能性が懸念されている。

5．天然の巨大貯水タンクとしての氷河・氷床

氷河・氷床は陸地の約 10 %を覆っている。最大の面積を有する氷河・氷床は南極大陸を覆っており，その大きさは日本の面積の約 37 倍である（図 10-5）。南極大陸を覆う氷河・氷床は 1000 万年以上の歴史を持ち，ドーム状を呈している。また，最も厚いところでは 4000 m に達する。ちなみに，第 2 位はグリーンランドの氷河・氷床であり，地球上の氷河・氷床の約 99 %は南極とグリーンランドに分布している。

図 10-5　南極の大陸の概念図（国立極地研究所 1990）

氷河の氷は潜在的な水源と考えられている。氷河・氷床は世界の淡水の約 70 %を占めており，いわば巨大な貯水タンクである。ヒマラヤ山脈やアルプス山脈など内陸部に点在する氷河は，夏季になると部分的な融解によって融水が河川に流れ込み，川下に暮らす人々の水源となる。雨を水源とする河川と比べて，水流が安定しているのが氷河融水の特徴である。

❀
地球温暖化の影響でアルプスの氷河が縮小して，ヨーロッパの河川に融解水が入らなくなると，河川の水位が下がり，船舶の運航や飲料水の供給に制限が出てくるようになる．また，河川沿岸にある発電所の操業にも影響が出ると予想される．

ただし，地球温暖化の影響によって氷河・氷床の融解は進んでいる。1961 年から 2016 年までの 55 年間に地球上から失われた氷河は合計で 9 兆トンにも及ぶとされる。毎年数千トンの氷が融解しており，これはアルプス全体の氷の 3 倍にも相当する。とりわけ，アラスカでの氷の減少が特に著しく，他の地域の 2 〜 3 倍の速度で融解している。

❀
地球温暖化については第 7 章と『人文地理学』第 13 章も参照のこと．

6．地表水と地下水

河川，湖沼，貯水池などの地表に存在する水を地表水と呼ぶ。量的には，わずかなものであるが，人にとっての資源としての価値は高い。一方，地下水とは地下に賦存（ふぞん）する水の総称である。ただし，地下水が湧き出て地表水になり，逆に地表水が地中にしみ込んで地下水となることもある。両者は水の存在している場所により，呼ばれ方が異なるが，どちらも水循環系の一部である。

地表水は水の循環が早く，流動量が貯留量を上回るのに対し，地下水は，流れが非

常に緩やかで，水の循環に長い期間が必要なため，数カ月あるいは数年間程度の短期間で考えると，循環する量よりも地下に溜まっている貯留量の方が，はるかに大きいという特性がある。この貯留量を「地下水賦存量」と呼び，地下水資源を評価する指標の1つとされている。

地下水が地下に留まっている平均時間は「滞留時間」と呼ばれ，想定される貯留量と流動量から計算される。オーストラリアのグレートアーテジアン盆地では110万年以上，黒部川扇状地の砂丘では0.14年と推定されている。

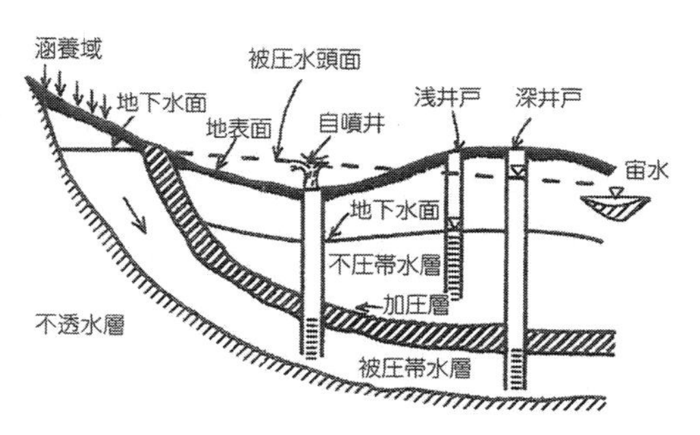

図 10-6　帯水層の分類（諸泉 2019）

地下に堆積した砂や礫からなる比較的地下水が流れやすい地層のことを帯水層と呼ぶ（図 10-6）。一般的に，地下には浅い帯水層や深い帯水層など，複数の帯水層があり，帯水層と帯水層の間は，粘土層などの水を通しにくい難透水層と呼ばれる地層により分け隔てられている。また，降水や河川水，貯水池などの水が地表面から浸透して，そのまま地下水となるような地表面付近の浅い帯水層を不圧帯水層，また，そこを流れる地下水を不圧地下水と呼ぶ。他方，地表面付近の帯水層と難透水層で分け隔てられている深い帯水層で，帯水層が地下水で満たされており，上部の難透水層との境界面に上向きに水圧がかかっているような圧力状態の帯水層を被圧帯水層，そこを流れる地下水を被圧地下水と呼ぶ。

❀ グレートアーテジアン盆地では掘抜井戸によって地下水が自噴するため，内陸の乾燥地域での牧畜を可能にしている．ただし，自噴する井戸は3割程度で未開発地域も多い．

7. 湧　水

湧水とは，不圧地下水，被圧地下水の区分によることなく，自噴している地下水のことである。

おもに湧水が分布する場所は，台地や丘陵の崖線（国分寺崖線にみられる真姿の池湧水群（東京都国分寺市）など），台地や丘陵を侵食してできた開析谷の谷頭部（明治神宮の清正の井（東京都渋谷区）など），扇状地の扇端部（犀川・穂高川・高瀬川が形成する複合扇状地の扇端部の安曇野わさび田湧水群（長野県安曇野市）など）である。

その他，火山の山麓部においても湧水が生じる。日本三大清流の1つで，富士山の麓に位置する柿田川湧水群（静岡県清水町）は，1日当たり100トンもの

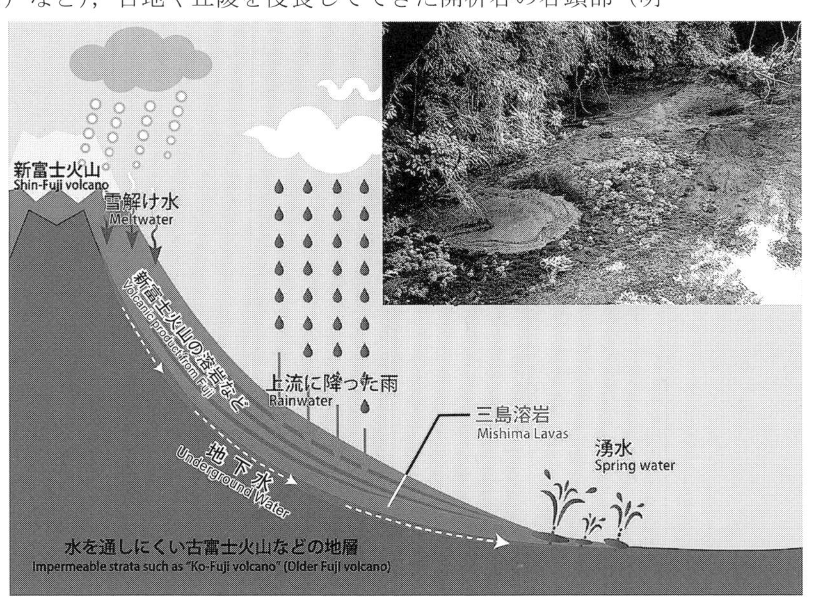

図 10-7　柿田川湧水群の形成要因（伊豆半島ジオパーク HP より作成）

図 10-8　首里城の龍樋

湧水量がある。約 10 万年前に誕生した富士山は，約 1 万年前を境に新富士火山と古富士火山に分けられる（図 10-7）。富士山の雪解け水や降水は，亀裂や隙間の多い新富士火山の溶岩などにしみ込み，水を通しにくい古富士火山を構成する地層の上を地下水として流れ，溶岩の末端で湧水となる。

加えて，石灰岩地域においても湧水が認められる。首里城（沖縄県那覇市）は，島尻層と呼ばれる泥岩の上に，サンゴ礁などを起源とする琉球石灰岩が堆積してできた丘陵に位置する。首里城の瑞泉門へ向かう手前に水が湧き出す樋口がみられ，「龍樋」と呼ばれている（図 10-8）。この水は，透水性の高い琉球石灰岩と難透水性の島尻層の境界部から湧出しており，城の生活飲料水として用いられてきた。

❀
石灰岩地域では，河川水や地下水にミネラル成分が多く溶け出すために硬度が高くなる．硬度については，次頁を参照のこと．

なお，自噴する地下水のうち水温が 25 ℃以上の地下水，または温泉法第 2 条に規定される溶存物質等により特徴付けられる地下水のうち，飲用適のものを「温泉水」という。温泉の湧出形態には，自然湧出のほかにも掘削自噴，動力揚湯がある。自然湧出としては，青森県の八甲田山にある酸ヶ湯温泉が有名である。

8．水の性質－塩分による区分

水の性質を示す分類の 1 つとして，塩分濃度による区分がある。海水と淡水が混入しているところでは，汽水（brackish water）が認められる。日本列島のおもな汽水湖としては，サロマ湖，浜名湖，宍道湖などが挙げられる。水の密度（重さ）は塩分が濃くなると密度が大きくなる。湖沼では上下層間の密度差が水温や塩分などの違いにより大きくなると，鉛直混合が制限されて水塊が二層に分離するようになり，これを「成層」と呼ぶ。また，上下層間の密度差が塩分の違いによるものを「塩分成層」と言う。汽水湖は塩分を含んでいることから，その上下層の密度が塩分の違いにより異なり，塩分成層の形成が多く見られる。このとき，下層には高密度水（高塩分，あるいは低水温の重い水），上層には低密度水（低塩分，あるいは高水温の軽い水）に区分される。このように，汽水湖では塩分の影響によって淡水湖と比べて上下層の密度差が大きくなり，成層が強固に形成されやすくなる特徴がある。その結果，底層の貧酸素化等の現象をもたらすことになる。

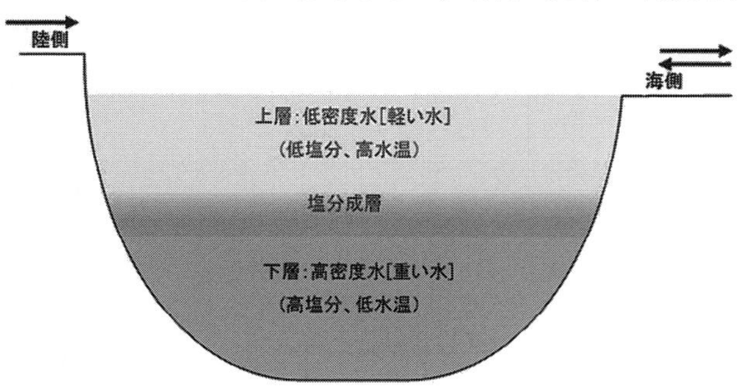

図 10-9　汽水湖の成層のイメージ（環境省 2014）

9．水の性質－ pH による区分

pH とは水素イオン濃度の略称であり，溶液中の水素イオンの濃度を指す。数値は 0 から 14 までの値であり，7 が中央値で「中性」となる。pH が 7 より小さいと「酸性」，

7より大きいと「アルカリ性」となる。

純水のpHは7だが，降水には大気中の二酸化炭素が溶け込むため，人為起源の大気汚染物質が無かったとしてもpHは7よりも低くなる。さらに，化石燃料の燃焼（人為起源）や火山活動（自然起源）などにより放出される二酸化硫黄や窒素酸化物は，大気中で光化学反応などの化学変化を起こし，硫酸や硝酸となって降水に溶け込み，酸性雨（pHが5.6以下）となる。

河川水や湖沼水は中性を示すことが通常だが，海水の混入，温泉水の混入，流域の地質（石灰岩地域など），人為汚染（工場排水など），植物プランクトンの光合成によって，酸性あるいはアルカリ性になることがある。

また，表面海水中のpHは，海水の循環や生物活動の違いにより，海域ごとに示す値は大きく異なる。北西太平洋の亜熱帯域や亜寒帯域は，季節変動が大きいという特徴がある。pHは水温によって変化するため，亜熱帯域では水温の低い冬季にpHが高く，水温の高い夏季にpHが低くなる。赤道域では二酸化炭素を多く含んだ海水が下層から湧昇していることにより，高緯度の海域よりもpHが低い値を示す。

なお，二酸化炭素は水に溶けると酸としての性質を示し，海水のpHを低下させる。海水のpHが長期間にわたり低下する傾向を「海洋酸性化」と言い，おもに海水が大気中の二酸化炭素を吸収することによって生じる。海洋酸性化が進行すると，プランクトンやサンゴなど海洋生物の成長に悪影響が及ぶとされている。現在の海水は弱アルカリ性を示しているが，大気中の二酸化炭素濃度は増加し続けており，海洋がさらに多くの二酸化炭素を吸収して海水がより酸性側に近づくことが懸念されている。

❀ ドイツの黒い森（シュヴァルツヴァルト）は，酸性雨の被害で多くの木々が枯死したと言われてきたが，今は乾燥がおもな原因とされている．一方，チェコ・ドイツ・ポーランド国境に広がる黒い三角地帯における樹木の枯死は，硫黄酸化物または硫酸等が高濃度で降り注いだために生じたとされる．

10．水の性質－硬度による区分

水にはおもにカルシウムイオンとマグネシウムイオンが含まれていて，水1000 ml中に溶けているカルシウムとマグネシウムの量を表わした数値を「硬度」という。簡単に言うと，カルシウムとマグネシウムが比較的多く含まれる水が硬水になる。

WHO（世界保健機関）の基準では，硬度が0～60 mg/l未満を「軟水」，60～120 mg/l未満を「中程度の軟水」，120～180 mg/l未満を「硬水」，180 mg/l以上を「非常な硬水」と言う。また，日本においては，硬度0～100 mg/lを軟水，101～300 mg/lを中硬水，301 mg/l以上を硬水に分けている。

コラム：和食と軟水の美味しい関係

日本の水は，ほとんどが軟水である．地殻変動が活発な日本列島では，山と海の距離が短いので地盤と水の接する時間が短く，水がカルシウムやマグネシウムを取り込む量が少ないためである．和食の基本の1つに昆布出汁があるが，軟水は昆布の旨味であるグルタミン酸を効果的に抽出することができる．また，口当たりがやわらかい軟水に恵まれた日本では，水を多く使う煮物，汁物や，葉野菜をさっと茹でて食べるという料理が多い．緑茶の美味しさも，水そのものの味が左右する．緑茶は，旨み，渋み，苦味のバランスが重要である．水の硬度が高いとお茶の苦味が抑えられてしまい，バランスが崩れてしまう．また，硬水ではお茶の「色」もきれいに出ない．

日本の飲食の文化は，水の性質をうまく活用することによって成り立っている．

（小野映介）

11　気候変動の環境史

1. 緑のサハラ

現在，砂や礫が一面に広がるサハラ砂漠であるが，そこがかつて緑に覆われ，動物や人々が生活していた時代があったということを想像できるだろうか。「緑のサハラ」と呼ばれるその時代は，約1万2000年前に始まり6000年前頃まで続いたとされる。この頃の地球は現在よりも暖かく，サハラ地域は比較的湿潤な気候であったことが知られている。昨今，人為に起因するとされる「地球温暖化」について注目が集まっているが，私たち人類は常に同様の気候の下で生きてきたのではない。現在よりも温暖な時期もあれば，寒冷な時期もあった。地球温暖化問題の本質を理解するためには，そうした過去の気候変動とその要因についての知見が必要である。ここでは人類の生活の舞台としての地球という観点から，気候変動の基礎を学ぶことにする。

2. 地球の寒暖を決定づける要因

地球は人類が誕生する以前から，寒冷化と温暖化を繰り返してきた。地球の気候が長期にわたって寒冷化し，南極や北極の氷床，山地の氷河が発達する時期を「氷河時代」と呼ぶ。意外に思うかもしれないが，現在の地球は約3500万年前に始まった氷河時代の最中である（図11-1）。その氷河時代のなかで相対的に寒い時期を「氷期」，暖かい時期を「間氷期」と呼び，現在は「間氷期」に相当する。

図11-1　立山御前沢（ごぜんさわ）氷河（富山県HP）
日本列島にも氷河は存在する．

第四紀には氷期と間氷期が交互に生じ，そのリズムはおおよそ一定である。氷期と間氷期を生じさせる要因については「ミランコヴィッチ・サイクル」によって説明できる（図11-2）。この説は，地球が受ける太陽放射エネルギーの変化によって地球の寒暖が生じるとするものである。地球が受ける太陽放射エネルギー量の変化を生じさせる要因は，①地球の離心率の周期的変化（地球が太陽の周囲を公転するとき，軌道は真円でなく楕円で，その離心率（楕円など円錐曲線を決める定数）は，約10万年周期で変化する），②地軸の傾きの周期的変化（地軸の傾きは約4万年周期で22.1度～24.5度の間を変化している），③自転軸の歳差（さいさ）運動（コマの回転が弱まると軸が傾き首を振るように

❀
ミランコヴィッチ・サイクル：1920～1930年代に，地球物理学者ミルティン・ミランコビッチによって提唱された．

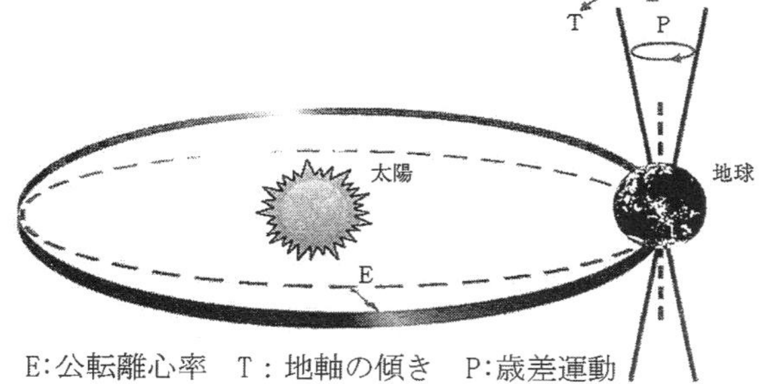

E:公転離心率　T：地軸の傾き　P:歳差運動
図11-2　ミランコヴィッチ・サイクル（IPCC 2007）

円形を描く運動で, 地球の自転軸の方向は約 2 万年で 1 周する）である。これらによって，地球への季節ごとの日射量は，たとえ太陽放射エネルギーが一定であったとしても，数万年から数十万年の間で変化することになる。

❀
安定同位体：同じ元素でも中性子の数が異なる原子があり，それを同位体と呼ぶ．同位体は, 安定な核種（＝安定同位体）と不安定核種（＝放射性同位体）に分類できる．

3．過去の気候をどのように復原するのか

海底の堆積物中に含まれる有孔虫（ゆうこうちゅう）化石（図 11-3）の殻の酸素同位体比（δ ^{18}O）からは, 過去の気候変動を推測することができる。酸素には 3 種類の安定同位体（^{16}O・^{17}O・^{18}O）があり，自然界にはそれぞれ 99.759 %，0.037 %，0.204 %の割合で存在する。海水中に存在するそれらが蒸発する場合（^{17}O はここでは省いて考える），^{16}O のほうが ^{18}O に比べて軽いので，蒸発する水の中には相対的に ^{16}O が多く含まれることになる（図 11-4）。蒸発した水は雨や雪となって大陸や海洋に降るのだが，寒冷期にはその水が氷河や氷床を形づくることになる。すると，海水中の ^{18}O の割合は上昇する。一方，氷河や氷床が発達していない時期には，海水中の ^{18}O の割合は先の場合と比べて低下する。このように，海水中の酸素同位体の比率は海水温の指標となる。そうした過去の酸素同位体比は有孔虫の殻に記録されている。有孔虫とは小さな原生動物であり, 殻は炭酸カルシウム（$CaCO_3$）でできている。有孔虫は数週間〜数カ月程度の活動（海水中の ^{18}O と ^{16}O の比率を反映した殻を形成）の後に死ぬと，内側の細胞はすぐに分解されてしまうが，殻は頑丈で壊れにくいため，海底に沈んで古いものから順に堆積物中に化石として保存される。

図 11-3　浮遊性有孔虫
（金子・野村 2018）

有孔虫化石の分析に加え，海底堆積物中の放射性核種（放射性同位体）を分析することにより，堆積物の年代を知ることができる。古海洋水温から類推される気候変動は，海洋酸素同位体ステージ（MIS：Marine oxygen Isotope Stage）として示されている。現在に近いほうから数字が割り当てられ，基本的に温暖期は奇数，寒冷期には偶数が振られている。なお，ステージを細分化して数字の後に，アル

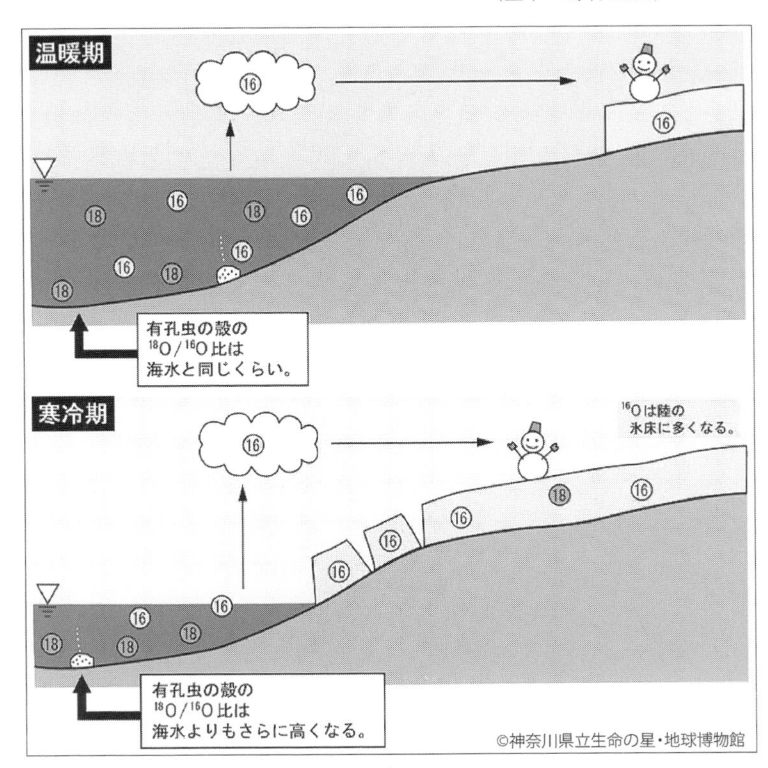

図 11-4　海水の酸素同位体比の変化
（神奈川県立生命の星・地球博物館 2004 より作成）

©Oregon State University

図 11-5　南極の氷床コア（オレゴン州立大学 HP）
一部に火山灰が含まれる．

ファベットの小文字が付される場合がある。

また，近年ではグリーンランドや南極における氷床コア（図 11-5）を用いた高精度の古気候研究が進み，過去数十万年の気候変動が明らかにされている。氷床コアの中には過去の空気が含まれており，それを対象とした酸素同位体比の分析によって，当時の気温を推定することができる。暖かい低緯度の海洋から蒸発した大量の水蒸気を含む空気は，高緯度に運ばれると冷えて，雨や雪となって徐々に減少していく。水蒸気からは重い ^{18}O が軽い ^{16}O よりも優先的に雨や雪になるので，高緯度になるにつれて ^{18}O の割合は低下する。高緯度地域の気温が高いと水蒸気量は多いので，空気中の ^{18}O の割合は高い。一方，気温が低いと水蒸気量は少ないので ^{18}O の割合は低くなる。なお，氷床コアからは二酸化炭素やメタンなどの温室効果ガスの含まれる割合を知ることができるので，それらからも過去の気温を推定することができる。

4．明らかになった気候変動

海底堆積物から明らかになった過去 50 万年間の気候をみると，およそ 10 万年の長期間にわたる寒冷な氷期と数万年の比較的短期間で温暖な間氷期を繰り返してきたことがわかる（図 11-6）。その要因は，先に述べたミランコヴィッチ・サイクルによって説明可能である。

過去 20 万年間に絞ってみると，顕著な寒冷期としては MIS2 の約 2 万年前が挙げられ，この時期は最終氷期最盛期（LGM：Last Glacial Maximum）と呼ばれている。当時の日本列島周辺の年平均気温は現在よりも 4 〜 13 ℃低かったと考えられている。一方，特に温暖であった時期は，MIS5e の約 12 万年前と MIS1 の約 7000 年前である。いずれも日本列島周辺の年平均気温は現在よりも数℃ほど高かったとされる。この 2 つの高温期について注目すべきは，ともに寒冷期から温暖期への移行の直後に生じた

※ 約 7000 年前の温暖期は，ヒプシサーマル（hypsithermal）期と呼ばれ，日本列島周辺では現在よりも 2 ℃ほど気温が高かった．

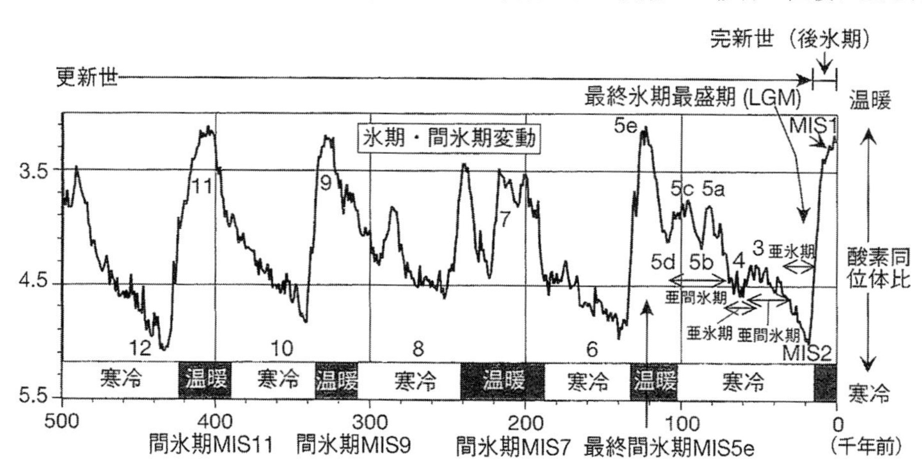

図 11-6　酸素同位体比曲線にもとづく過去 50 万年間の氷期・間氷期（高原 2011）

という点である。氷期―間氷期サイクルは，いわゆる「のこぎり型」を示し，間氷期から氷期のピークまでに9割以上の時間をかけ，氷期から間氷期へは急激に戻ることが明らかになっているが，とりわけ約12万年前と約7000年前の高温期は急速な気温上昇の下で生じた。

5．短間隔で生じる気候変動

最終氷期（7万～2万年前）には，寒冷期と温暖期が数百年～数千年の短間隔で繰り返して生じ，振幅は温度に換算すると10℃以上に達するとされる（図11-7）。この変動は，ダンスガード・オシュガー・サイクル（DOC：Dansgaard-Oeschger cycle）と呼ばれる。先に述べたミランコヴィッチ・サイクルでは，こうした短期の気候変動は説明できない。DOCの要因としては，ハインリッヒ・イベント（Heinrich events）が挙げられる。ハインリッヒ・イベントとは，北米大陸の氷床が温暖化にともなって融解し，その冷水が北大西洋に流入することによって地球上で急速な寒冷化が生じるという仮説である。

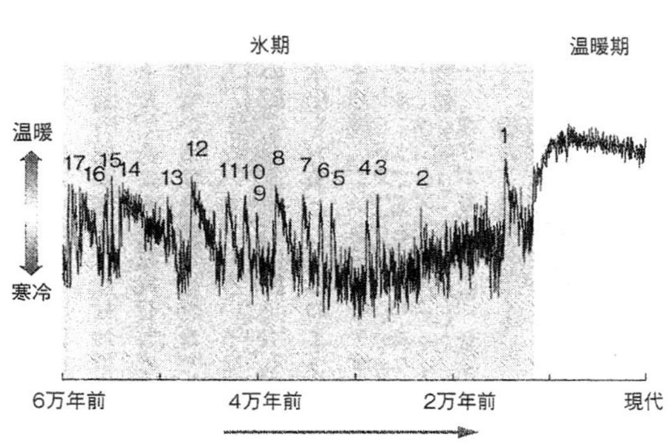

図11-7　グリーンランドの氷に含まれる酸素の同位体比から復元された過去6万年の気候変動（中川 2017）

地球に存在する海水は，表層と深層に分かれてベルトコンベアのように数千年をかけて循環しており，表層の海水の流れが深層の流れへと転換する場所が北大西洋に存在する（図11-8）。北大西洋は，暖かい表層流が深海に潜り込んで冷たい深層流へと移行する，いわばベルトコンベアの動力源ともいえる海域である。そこに氷床起源の冷水が流れ込むことによって，海洋の大循環に変化が生じ，地球規模の寒冷化を及ぼしたと考えられている。ちなみに，2004年に制作された米映画『デイ・アフター・トゥモロー』は，ハインリッヒ・イベントが現代に生じたらどうなるかという話である。

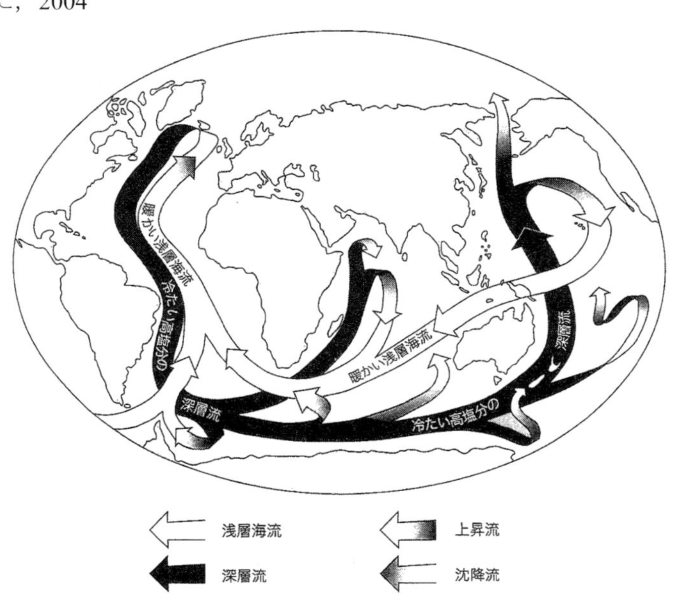

図11-8　海洋深層水の熱塩循環（平 2007）

また，そうした温暖化が進むなかでの「寒の戻り」は，最終氷期が終了して後氷期に入ってからも生じた。後氷期には急速な温暖化が進んだが，突如として1万2900年前に寒冷化が生じ，それは1万1500年前まで続いた（図11-9）。この時期は，ヤンガー・ドライアス（YD：Younger Dryas）と呼ばれ，寒冷化の要因はハインリッヒ・イベントと同様の現象によるものと考えられている。

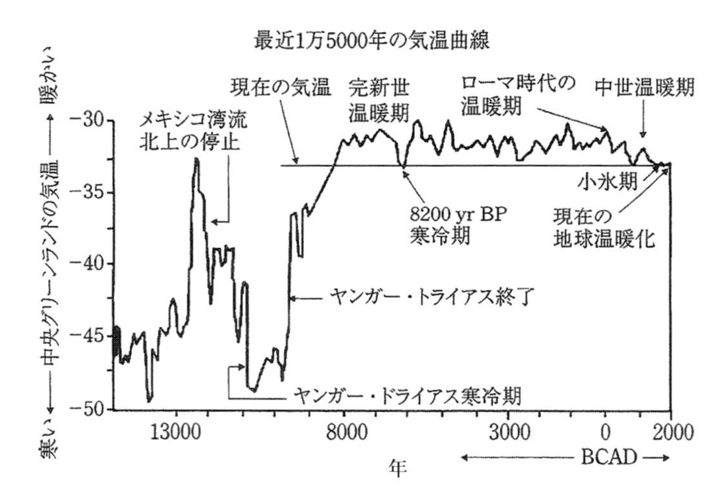

図 11-9　最終氷期からの気温変化（安成 2018，原典：Alley 2000）
現在ではヤンガードリアス期は 1 万 2900 ～ 1 万 1500 年前と考えられている．

6．歴史時代の気候変動

約 7000 年前のヒプシサーマル期が終わると，比較的安定した気候となるが，気温の変動が生じなかったわけではない。それまでとはスケールが異なるが，歴史時代にも気候の微変動が生じたことが知られるようになった。9 ～ 13 世紀に比較的温暖な時期が続いた後，14 ～ 19 世紀まで寒冷化が起きたとされる。前者は「中世温暖期」，後者は「小氷期」と呼ばれ，このような気候の変化は人々の活動に影響をおよぼしたとされている。例えばヴァイキングによるグリーンランドへの入植と，その後の放棄の背景として中世温暖期と小氷期を挙げる説がある。

小氷期の生じた地域と期間には十分に解明されていない点もあるが，気温の低下はヨーロッパにおいて顕著で，16 世紀半ば～ 17 世紀半ばに最も気温が低下したと考えられている。気温の低下を受けて，農業生産量の低下や穀物価格の上昇が生じたほか，社会不安のスケープゴートとして魔女狩りが盛んになるなど混乱が続いた。また，テムズ川やオランダの運河が冬季に完全凍結した様子など「寒い風景」が絵画のモチーフとして描かれた（図 11-10）。

小氷期が生じた要因としては幾つか考えられるが，有力なのは太陽活動の低下説と火山噴火説である。太陽活動が活発な場合，その表面に黒点が多く現れ，逆に活動が低下すると黒点は減少する。1645 年～ 1715 年は「マウンダー極小期」と呼ばれており，太陽黒点の数が少なかったことが知られている。また，火山の大規模噴火が生じると，大量の火山灰が対流圏や成層圏など大気の上空に吹き上げられて地球の広範を覆い，日射をさえぎる現象が起こることがある。これをパラソル効果（または日傘効果）と呼び，例えば 1815 年のタンボラ山（インドネシア中南部，スンバワ島）で生じた大噴火後には，

図 11-10　ピーテル・ブリューゲル『雪中の狩人』
（Kunsthistorisches Museum 所蔵）1565 年頃

地球全体の気温は数℃低下し，世界中で飢饉と疫病が蔓延したとされる。翌1816年は北ヨーロッパや北米で夏の異常気象(冷夏)により農作物が壊滅的な被害を受け，「夏のない年」となった。

7. 歴史時代の気候を調べる

近代的な気象観測が始まる以前にも，人々は気象の状況を文字史料として残している。日本における気象に関する史料は比較的豊富で，それらはおもに天皇，貴族，僧侶，武士などによって記された日記の類である。とりわけ京都では多くの人々の手により日記が書かれ，またそれをもとにした編年体の年代記がまとめられてきた。

史料を用いた過去の気温の推定方法としては，サクラの開花日や満開日に関する記述を用いたものがある。京都のサクラの開花日には，現在の暦で2月下旬以降の気温が最も影響するとされている。また，満開日に影響する期間は2月下旬から4月上旬までと考えられているので，サクラの開花日や満開日に関する記述をもとに，当該期の気温について比較的確度の高い推定ができる。

また，京都のサクラ以外にも過去の気象状況を推定できる史料が存在する。長野県の諏訪湖では厳冬期に氷が鞍状(あんじょう)に隆起する現象が起こる。この現象は「御神渡り(おみわたり)」として信仰され，神事が行われてきた。その記録は諏訪湖の近くに鎮座する八剣(やつるぎ)神社などに残されている。氷の鞍状隆起現象は，毎冬生じるわけではなく，寒い冬にしか起こらないので，神事が行われた記録から過去の冬季の気温の概況を知ることができる。

近年では，以上のような史料だけでなく，自然科学的手法を用いた歴史時代の気候復元がなされるようになった。その代表が「年縞(ねんこう)」の研究である。年縞とは湖底などの堆積物によってできた縞模様で，春から秋にかけては土やプランクトンの死がいなどの有機物による暗い層が，晩秋から冬にかけては，湖水からでる鉄分や大陸からの黄砂などの粘土鉱物等によりできた明るい層が1年をかけて形成される。年縞には，花粉やプランクトン，火山灰や黄砂などが含まれているため，過去の水温や気温を年単位で分析することが可能である。

❀
2018年に開館した福井県の年稿博物館では，三方五湖の1つである水月湖で採取された約7万年分の年稿が展示されている.

8. 現在の「地球温暖化」

私たちが生きている完新世は，酸素同位体比がほぼ一定の値を取っている。人類が当たり前のように享受してきた後氷期の安定した気候は，地球史的観点からすれば，むしろ例外的であった。今後，地球温暖化がさらに進めば，人類は安定した気候に依存した生活スタイルを変えざるを得ない。

現生人類は30万～20万年前には誕生していたとされているので，MIS6からMIS5eおよびMIS2からMIS1にかけての急激な温暖化を経験したことになる。現在の地球温暖化は人為によるものが大きいとされており，これまでの気候変動とは性格が異なる。3度目の温暖化がどれほど進むのか，今回は私たちの動向にゆだねられている。

（小野映介）

海面はどうして変動するのか

12 海面変動

1. 貝塚と海面変動

第11章で気候変動について述べたが，気候と同様に過去の海面の高さは現在と同じであり続けたのではなく変動してきた。日本において過去の海況についての研究が始まったのは，20世紀に入ってからである。研究の黎明期に注目されたのは，過去の人々の生活痕の貝塚（図12-1）である。貝塚には，海水や汽水に棲んでいた貝の殻が捨てられていることがある。この貝塚が関東地方の内陸深くに分布することから，過去の海岸線は，現在よりもかなり内陸に位置していたというアイデアが提示された（図12-2）。その後，名鉄知多新線の内海駅（愛知県南知多町）の高架工事の際に，現地表面下約10 mから約8000年前（縄文時代早期）の遺物を包含する貝塚が海に堆積した泥や砂に覆われた状態で発見された。先苅貝塚と呼ばれるこの遺跡の発見により，後氷期の海面上昇によって人々の生活面が水没したことが確認された。

❀
野口貝塚：小川原湖東岸に位置する縄文時代早期中葉～前期末葉の貝塚．北海道・北東北では最古級．アサリ，シオフキ，ハマグリが出土している．

図12-1 青森県野口貝塚
（三沢市教育委員会 2015）

後氷期の海面上昇は世界各地で確認されているが，日本では貝塚をはじめとした考古遺跡との関連が深いことから，それは「縄文海進」と呼ばれる。ここでは過去に生じた海面変動と，それにともなう「海進」と「海退」について考えてみよう。

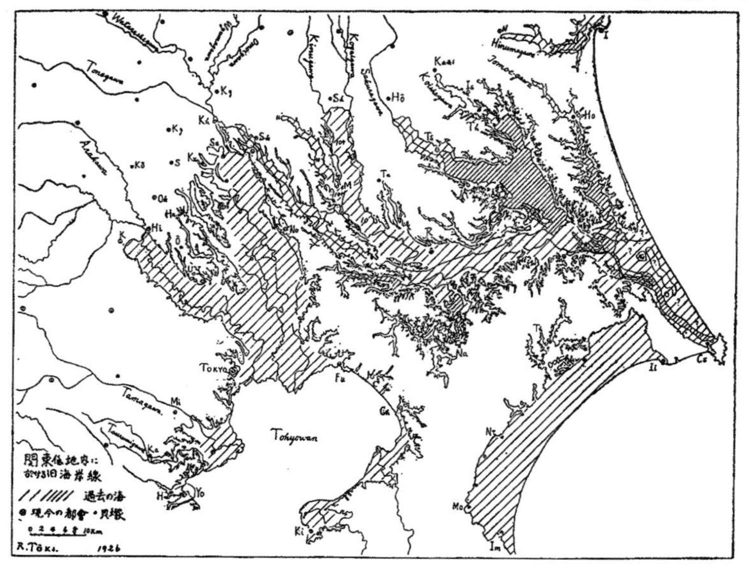

図12-2 関東平野における貝塚の分布と旧海岸線（東木 1926）

2. 氷河・氷床が融けると海面は上昇するのか

地球の気温が上昇して氷河や氷床が融解すると，海面が上昇すると考えている人は多いのではないだろうか。確かにおおまかにはその通りであり，氷河や氷床の消長にともなう海面変動を「氷河性海面変動」と呼ぶ。ただし，氷河や氷床が融解した水の体積が海面の上昇量に直接的に結びつくかというと，そうとは限らない。地球は地表上で生じる現象に対して粘弾性的な振る舞い，すなわちサッカーボールのように外からの荷重に対して変形をするためである（図12-3）。

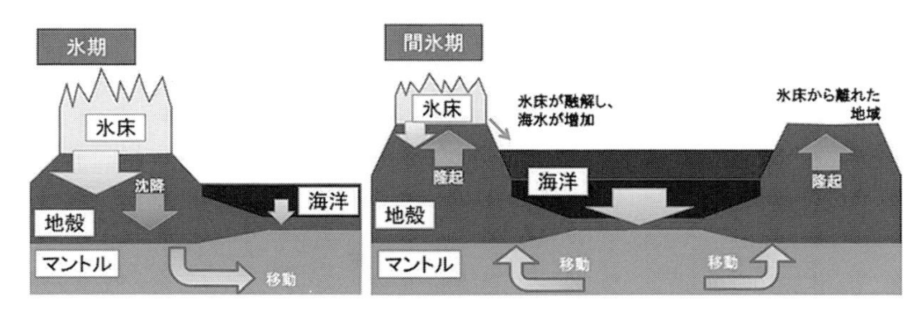

図 12-3　氷期と間氷期における個体地球と海面の変化（気象庁 HP）

最終氷期には，北米にローレンタイド氷床，ヨーロッパ北部にスカンジナヴィア氷床などが発達した。その際，氷床の発達域（ニア・フィールド）には離れた海洋（ファー・フィールド）よりも強い荷重がかかり，マントルは前者から後者へと流れる。一方，後氷期になると氷床の融解によって，氷床の発達域は強い荷重から解放されて隆起する。また，そうした地域から離れた海洋では海水の量が増えることによって，それまでよりも荷重がかかり海底は沈降する。マントルは粘性体であるためすぐには反応しないが，ゆっくりと時間をかけて，海底の下にあるマントルが陸側に移動する。その結果，見かけ上，海面水位が低下するという現象が起きる。

なお，氷河性海面変動以外にも海面変動が生じることがある。海面が一定であっても陸域で局地的な地盤の変動が生じた場合，海面は陸地に対して相対的に上昇または下降することになる。

3．海面変動史

過去 20 万年間にしぼってみても，頻繁に海面変動が生じてきた（図 12-4）。この変動は，基本的には気候変動と対応したものである。

❀
気候変動については第 11 章を参照のこと.

日本列島の位置するファー・フィールドにおける最終氷期（MIS2）最盛期の海面は，現在よりも 120 ～ 130 m ほど低かったとされる。その後，温暖化が進む後氷期に入ると海面は上昇を開始する。後氷期におけるファー・フィールドの一般的な海面変動を検討した横山（2002）によると，約 1 万 9000 年前に 10 ～ 15 m の平均海面上昇量に相当する氷床が融け出して最終氷期最盛期が終わり，海面は比較的ゆるやかに上昇したが，1 万 6000 年～ 1 万 2500 年前には 16.7 m / 千年の速度で急上昇した。

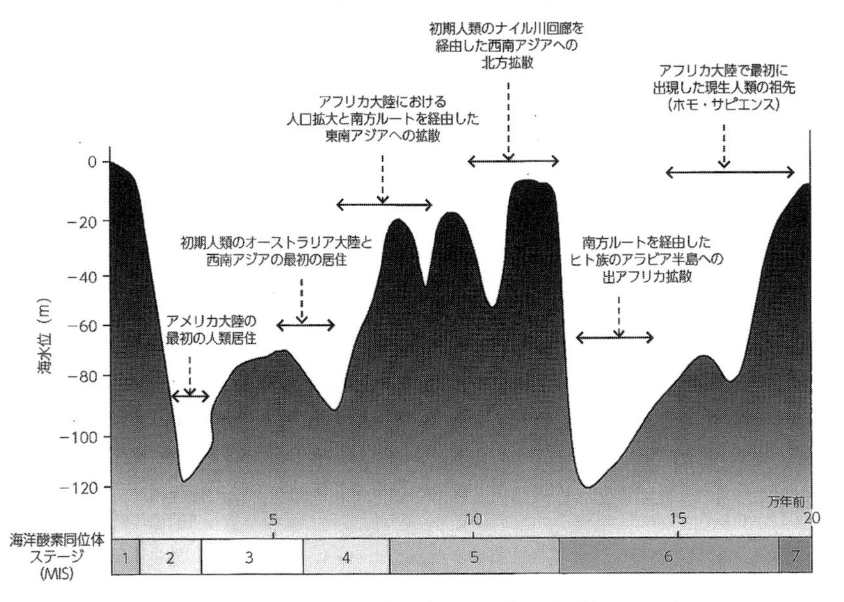

図 12-4　過去 20 万年間の海面変動と人類活動（縄田 2014）

また，1万2500年〜1万1000年前にはヤンガー・ドライアス期と呼ばれる寒の戻りが生じて上昇は停滞したが，以後，完新世の海面最高頂期の約7500年前までは15.2 m / 千年の速度で急速に上昇したとされる。

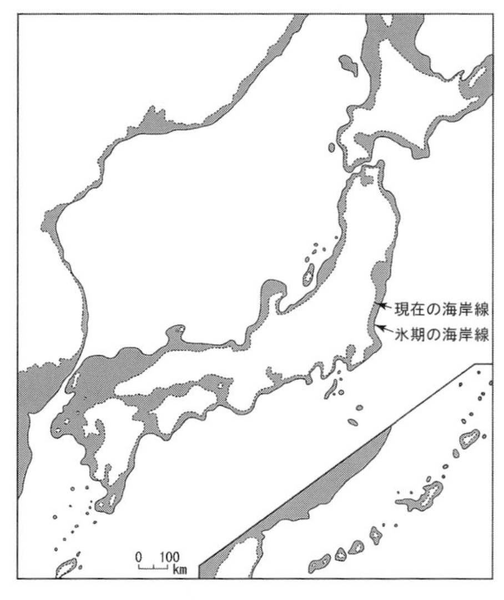

図12-5　最終氷期最盛期の日本列島
（鎮西・町田2001より作成）

4.「海進」と「海退」とは

海面の変動が生じると，海域の拡大や縮小が生じる。海面上昇によって海域が拡大して，陸域が浸水することを海進（かいしん）と呼び，海面低下によって海域が縮小して陸域が拡大することを海退（かいたい）と呼ぶ。また，陸地が海に沈むことを「沈水」，海が陸地になることを「離水」と言う。

上述したように約2万年前の最終氷期最盛期には，日本列島周辺では海面が現在よりも120〜130 mほど低かったので，東京湾，伊勢湾，瀬戸内海などは陸化した（図12-5，図12-6）。その際，ユーラシア大陸と北海道は陸続きになり，対馬海峡も細い海域を残して陸化した。このような陸地の拡大は世界各地でみられ，現在の北海にはドッ

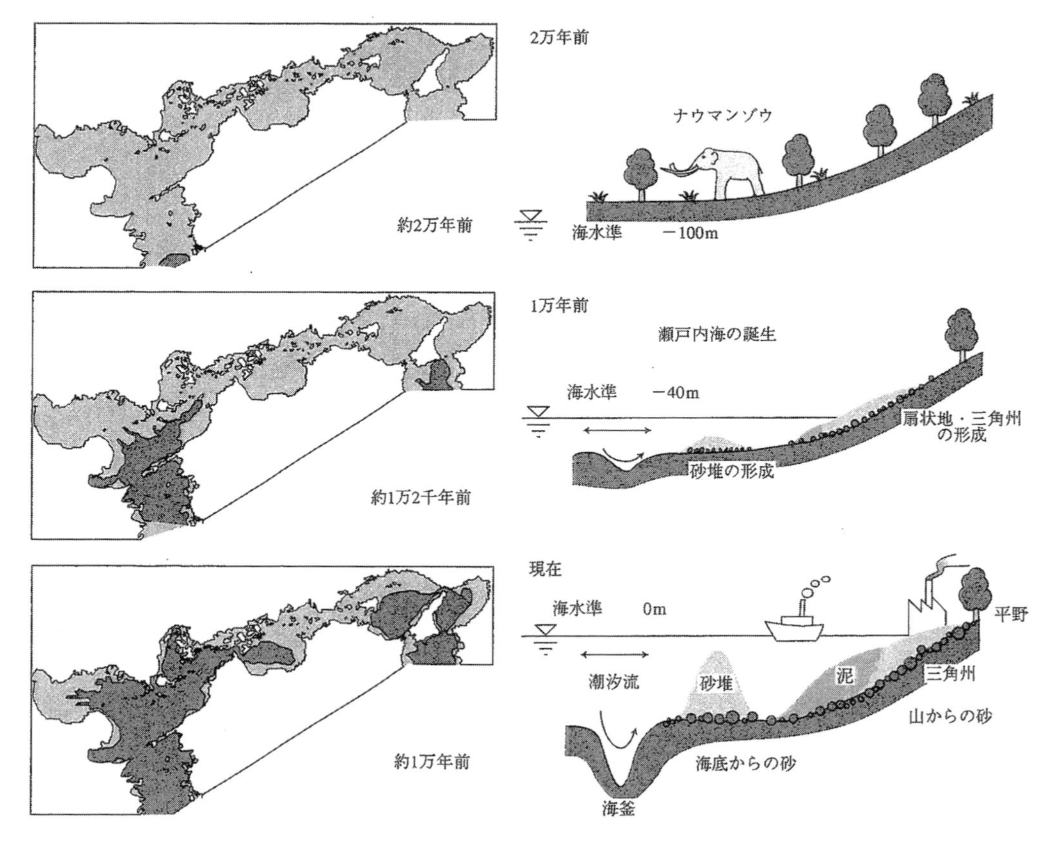

図12-6　瀬戸内海の変遷（柳2008）左図の濃いグレーの部分は海域を示す．

ガーランド（Doggerland）と呼ばれる陸地が，現在のベーリング海峡にはベーリンジア（Beringia）と呼ばれる陸地が広がっていた。これらの陸地は数多くの動物の活動の舞台となり，それを追った人々の居住地となったと考えられている。

❀ ドッガーランドについては，本章のコラムを参照のこと．

陸化した瀬戸内海では，河川沿いの湿地がナウマンゾウやオオツノジカの生息地となっていたとされている。やがて後氷期に入ると海進にともなって，そうした陸地は徐々に縮小していった。上述したように海面上昇のスピードは一定ではなく「メルトウォーターパルス」と呼ばれる急速な上昇期には，動物や人々の活動の場が急速に変化したことが想像できる。

5．縄文海進の世界

7000 〜 5000 年前には，日本列島の平野の多くが縄文海進にともなって海域となった。また，暖流が優勢になるとともに，海水温が上昇して造礁サンゴの生育限界もより高緯度へと移動した。

例えば東京湾は内陸の奥深くまで入り込み，現在の群馬県南東部の館林（たてばやし）市付近にまで達した（図12-7）。また，台地を刻む開析谷の多くが沈水した。そのような環境下で人々は谷の周辺に住居を構え，生活を送った。日本最大級の貝塚であり，考古学史上でも著名な標式遺跡として知られる加曽利（かそり）貝塚（千葉県千葉市若葉区）は，かつての「溺れ谷（おぼれだに）」を見下ろす段丘（下総台地）上に立地する。そこでは約 7000 年前から居住の痕跡が認められ，約 5000 年前（縄文時代中期）以降に巨大な貝塚が形成されたことが明らかになっている。

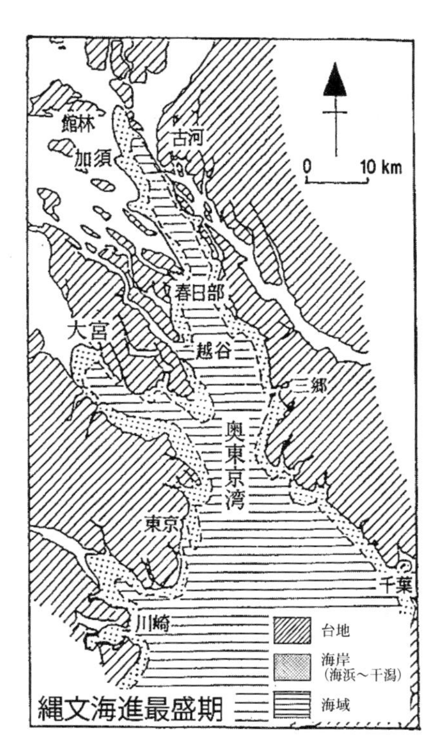

図 12-7　約 7000 年前の東京湾
（久保 2000 より作成）

関東平野における過去約 1 万 4000 年間の海面変動曲線を図 12-8 に示す。海面変動曲線は，地質ボーリングなどによって得られた堆積物を対象として，各層に含まれる珪藻（けいそう）化石や貝化石から堆積環境を復原するとともに，炭素を含む試料の年代を測定することによって作成されることが多い。当地では後氷期に急速な海面の上昇が生じ，7000 〜 5000 年前には現在よりも 2 〜 3 m ほど海面が高い状態が続いた。その後，4800 〜 4600 年前には海面の低下が生じ，微変動を経て現在の海面高になった。なお，濃尾平野や河内平野（大阪平野）でも類似の海面変動曲線となることが知られている。

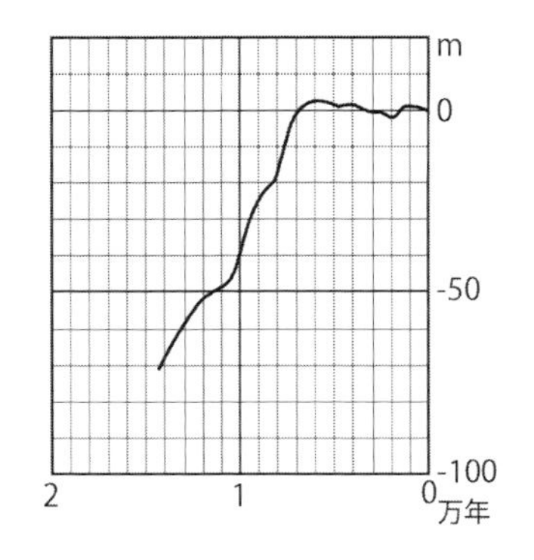

図 12-8　関東平野の海面変動曲線
（遠藤 2015 より作成）

後氷期の海進は，日本以外でも確認されている。ペルシャ湾に面したメソポタミアの内陸部には，幾

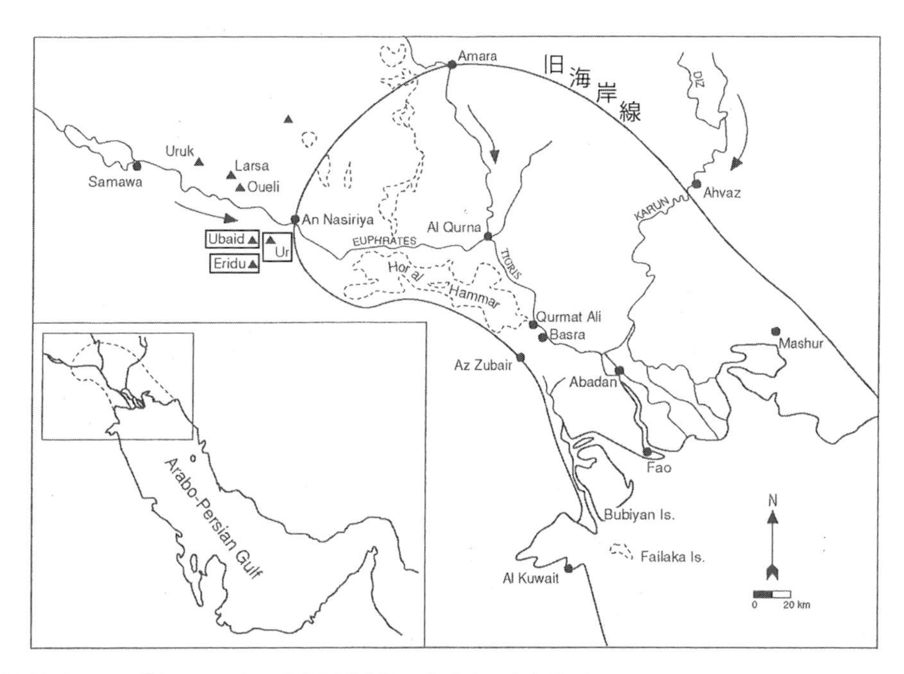

図 12-9　メソポタミアにおける完新世中期の海進時の海岸線（Kennett and Kennett 2006 より作成）

つもの都市国家の遺跡が存在する（図 12-9）。それらのうち，最も発展した都市の 1 つであるウル（Ur）は約 7000 年前に形成された。その頃，ペルシャ湾は現在よりも 200 km ほど内陸に入り込んでおり，ウル・エリドゥ（Eridu）・ウバイド（Ubaid）といった都市は，現在に比べれば海に近い場所に立地していたことがわかる。

6. 現在の海面上昇をどのように考えるか

地球温暖化と人為的要因との関係，地球温暖化と海面上昇の関係については，懐疑的な意見も出されている。しかし，気候変動に関する政府間パネル（IPCC）によると地表面の気温，海面水温は 20 世紀に入ってから現在にかけて継続的に上昇しており，大気中の二酸化炭素濃度の増加などの人為起源の影響を考慮することによってのみ，海面水温と陸上気温の上昇傾向が地球温暖化予測モデルによるシミュレーションで再現できるとされている。したがって，「人間活動」が 20 世紀半ば以降に観測された地球温暖化の主な要因であった可能性が極めて高いとされている。

ただし，海面変動については先に述べたように，地球の粘弾性的な振る舞いについて考慮する必要がある。ファー・フィールドに位置する日本では最終氷期以降，氷床の融解が進み縄文海進最高頂期を迎えた後，海水による重みが増え，海底の下にあるマントルが陸側に移動した。その結果，陸地が隆起して見かけ上の海面低下が生じたが，この隆起は現在も継続していると考えられている。そのような氷河性地殻均衡（Glacial Isostatic Adjustment）を考慮したうえで，現在の海面変動を位置づけなければならない。

IPCC によると，世界平均海面水位は 1902 ～ 2010 年の期間に 0.16 m 上昇したとされる。それに対し，気象庁は 1906 ～ 2010 年の期間における日本沿岸の海面水位の変化について上昇傾向は認められないとしている。ただし，2006 ～ 2015 年の期間では 1 年当たり 4.1 mm の割合での上昇が確認されており，近年だけでみると日本沿岸の海面水位の上昇率は，世界平均の海面水位の上昇率（2006 ～ 2015 年の期間で 1 年当たり 3.6 mm）と同程度になっている。

日本沿岸の海面水位は，地球温暖化のほか氷河性地殻均衡，地域的地盤変動，海洋の 10 年規模の変動など様々な要因で変動しているため，地球温暖化の影響がどの程度現れているのか判断するのは難しい。地球温暖化にともなう海面水位の上昇の評価については，慎重な姿勢が必要となる。

コラム：海に沈んだドッガーランド

現在，私たちは海面上昇という問題に直面しているとされるが，祖先はより深刻な海面上昇を経験したことがわかっている．約 2 万年前の最終氷期最盛期以降の温暖化にともなう海面上昇である．

約 2 万年前にはヨーロッパ大陸とグレートブリテン島は陸続きで，ドッガーランドと呼ばれる陸地が広がっていた（図 12-10）．面積は，現在の日本列島とほぼ同じである．そこには，かつて河川が流れる平野が存在し，大型動物が闊歩しており，それを追った

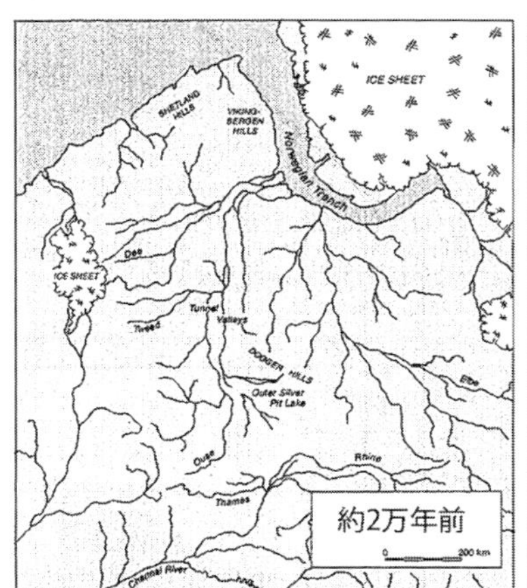

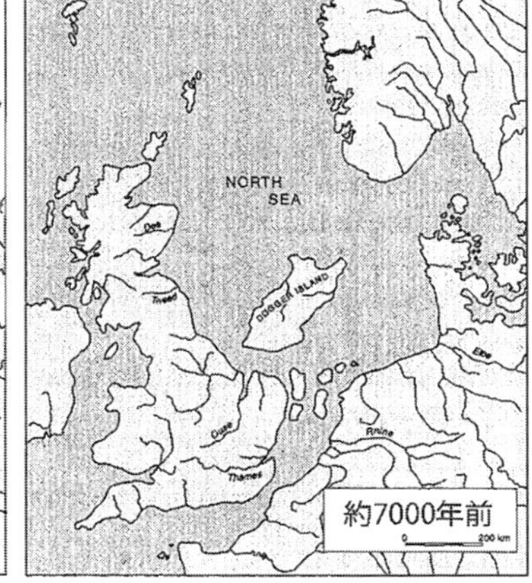

図 12-10 ドッガーランドの変遷（Coles 1998 より作成）

人間の生活があったはずである．現在，北海やバルト海でトロール漁業を行うと，当時の遺物が多く発見される．また，干潮時には遺構が顔を出すこともある．

後氷期の海面上昇は，急速であったことが知られている．徐々に居住の場が失われていく中で，人々はどのような対応をしたのだろう（図 12-11）．ヨーロッパの旧石器時代を解明するには，ドッガーランドの調査が欠かせないが，当時の人々の生活の場の大半は海底深くに眠っている．

図 12-11 浸水する村の復原図
（SIMON FIESCHI, VINCENT GAFFNEY, AND BENJAMIN GEARY: UNIVERSITY OF BIRMINGHAM U.K.）

❀ ドッガーランドが沈水してできたドッガーバンクは，タラやニシンの重要な漁場となっている．

（小野映介）

13　地震・津波・火山噴火

1．海底に沈んだ都市

トルコ南西部の地中海沿岸には，ローマ時代に多くの都市が栄えた。それらの痕跡は現在も「遺跡」としてみることができるが，シメナ（Simena）の町は美しいアジュールブルーの海に沈んでいる（図 13-1）。この町は 2 世紀に起きた地震による地盤変動で沈没したとされている。詳しい調査はなされていないが，地震によって生活の場を失った人々の困惑の様子が想像できる。

図 13-1　Kekova 島（トルコ南西部）の北側の海域

地震や火山活動は地形発達の中で生じる自然現象であるが，そこに人々の生活があり，被害を受けると「自然災害」となる。人類は誕生した時から，自然災害と付き合う宿命を負っている。

地中海周辺と同様に，私たちの居住する日本列島は世界の中でも自然災害が最も多発する地域の 1 つである。防災や減災のためには，自然災害発生のメカニズムを正しく理解するとともに，過去の災害から学ぶ必要がある。ここでは，地震・津波・火山噴火の歴史について解説する。

❀
火山噴火のメカニズムについては，第 3 章を参照のこと．

2．地震の起こる場所

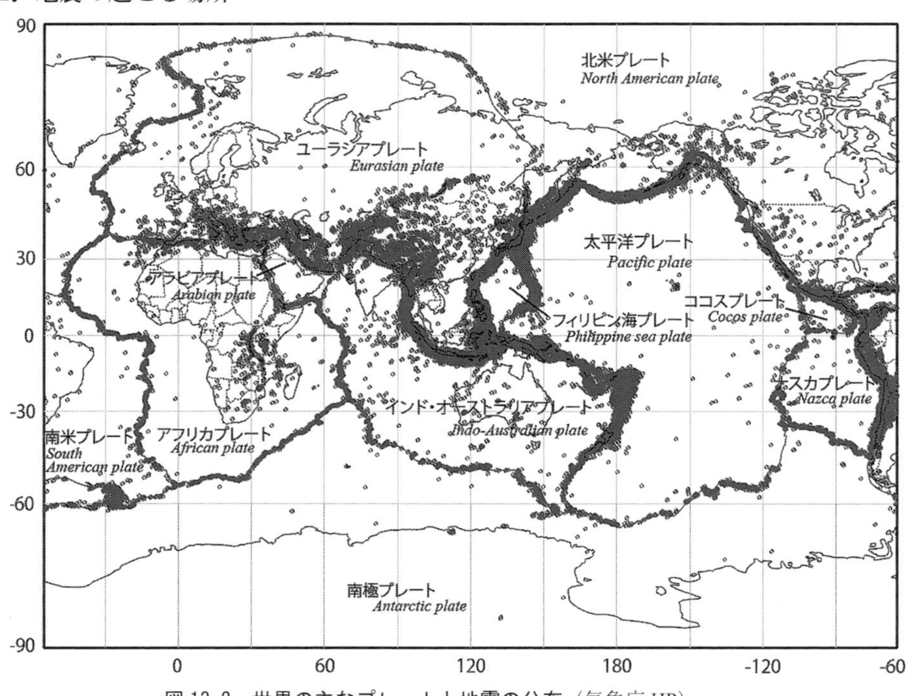

図 13-2　世界の主なプレートと地震の分布（気象庁 HP）

日本のような地震の多い国に住んでいると，世界各地でも同様に地震が起こっているように思うかもしれない。しかし，図 13-2 をみると，地震が発生している場所と発生していない場所が分かれていることがわかる。地震が多発しているのはプレートとプレートの境界部である。

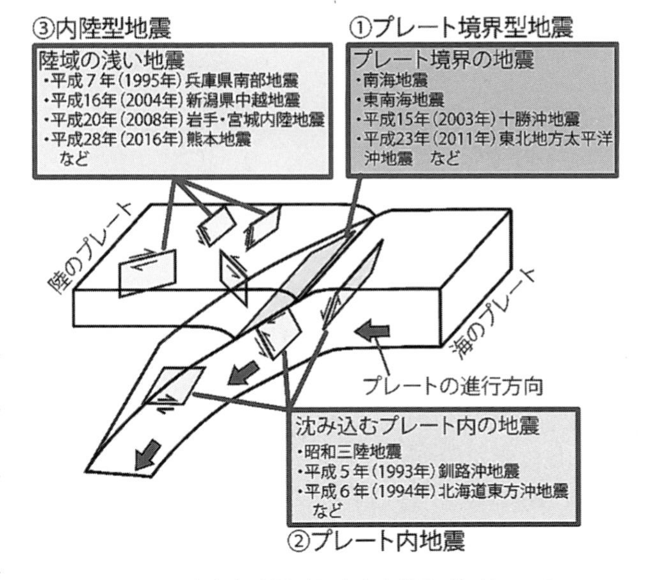

図 13-3　大きな地震が発生する場所（行竹 2010）

プレート境界にはプレートが離れあったり，近づきあったり，すれ違ったりする地域がある。それぞれが地震の多発地帯であるが，ここでは日本列島における地震の発生を考えるうえで重要な，近づきあうプレート境界周辺を取り上げる。

陸のプレートに海のプレートが沈み込む地域では，次の３つのタイプの地震が発生する（図 13-3）。陸のプレートに対し，海のプレートはスルスルとすべりながら地下へと潜りこんでいるが，所々にプレートどうしが固着している場所がある（図 13-4）。それをアスペリティと呼び，アスペリティがはがれることにより地震が生じる。この地震をプレート境界型地震と呼ぶ。また，プレート境界付近では，海のプレートの内部で大規模な断層運動が起こって地震が発生することがあり，このような地震をプレート内地震と呼ぶ。さらに，プレートどうしが近づきあう場合，プレート境界型地震が生じるだけでなく，陸のプレートを圧迫して内陸部の岩盤にもひずみを生じさせる。ひずみが大きくなると，内陸部の地中にあるプレート内部の弱い部分（断層）で破壊が起こる。そうして生じる地震を内陸型地震と呼ぶ。こうして起こる地震は，プレート境界型の巨大地震に比べると規模は小さいが，局地的に激震を起こす。

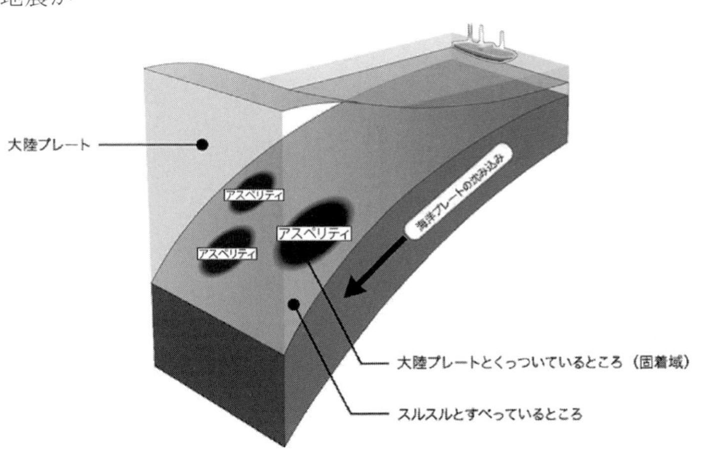

図 13-4　アスペリティ（地震調査研究推進本部 HP）

❀ プレートテクトニクスについては，第２章を参照のこと．

なお，すべての地震がプレート境界で発生しているわけではなく，プレート内部で発生する地震もある。東アフリカやハワイ諸島にみられる地震は，ホットプルームが関連していると考えられている。また，火山活動によっても地震が生じる場合がある。

❀ ホットプルームについては，第２章を参照のこと．

3．活断層とは

地下には岩盤が存在するが，この岩の中にはたくさんの割れ目がある。通常，この

図 13-5　根尾谷断層の写真（Koto 1893）

割れ目（断層）はお互いしっかりとかみ合っているが，ここに大きな力が加えられると，割れ目が再び壊れてずれる。大きな力とは，プレートの移動にともなって発生するものである。この壊れてずれる現象を断層運動と呼び，そのずれた衝撃が震動として地面に伝わったものが地震である。地下深部で地震を発生させた断層を「震源断層」，地震時に断層のずれが地表まで到達して地表にずれが生じたものを「地表地震断層」と呼ぶ（図 13-5）。

断層のうち，特に数十万年前以降に繰り返し活動し，将来も活動すると考えられる断層のことを「活断層」と呼ぶ。活断層には，以下の特徴が認められる。①一定の時間をおいて，繰り返して活動する。②いつも同じ向きにずれる。③ずれの速さは断層ごとに大きく異なる。④活動間隔は極めて長い。⑤長い断層ほど大地震を起こす。

❀
根尾谷断層:1891年（明治 24 年）に発生した濃尾地震（マグニチュード 8.0）の地震断層である．小藤文次郎が撮影して論文に掲載した写真は，国内外の地震学教科書に引用され，有名である．

また，活断層は断層運動の変位様式によって次の 4 つの基本タイプに整理できる（図 13-6）。A．正断層：両側へ引っ張られるような力が生じる場所で，傾斜した断層面に沿って上盤（断層面より上側の地盤）が，ずり下がったもの。B．逆断層：両側から押されるような力が生じる場所で，傾斜した断層面に沿って上盤がずり上がったもの。C．右横ずれ断層：相対的な水平方向の変位で断層線に向かって手前側に立った場合，向こう側の地塊が右にずれたもの。D．左横ずれ断層：相対的な水平方向の変位で断層線に向かって手前側に立った場合，向こう側の地塊が左にずれたもの。なお，より複雑な変位様式が存在することも明らかになっている。平成 28 年（2016 年）熊本地震を引き起こしたとされる布田川（ふたがわ）断層帯では，地下深部では斜めずれ，地表では横ずれ断層と正断層が並走している。

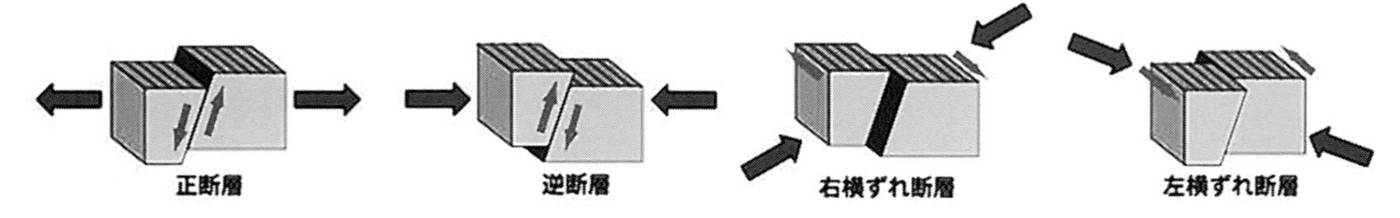

図 13-6　断層の種類（国土地理院 HP）

4．地震による津波発生メカニズム

地震が起きると，震源付近では地面が持ち上げられたり，押し下げられたりする。地震が海域で発生し，震源が海底下の浅いところにあると，海底面の上下の変化は，海底から海面までの海水全体を動かし，海面も上下に変化する。また，地震によって大規模な海底地すべりが生じた場合にも，海面を変化させる。このようにもたらされた海面の変化が周りに波として広がっていく現象のことを津波と呼ぶ（図 13-7）。

このように津波は，海底から海面までの海水全体が短時間に変動し，それが周囲に波として広がっていく現象で，波長は数 km から数百 km と非常に長い。このため津波は勢いが衰えずに連続して押し寄せ，沿岸での津波の高さ以上の標高まで駆け上が

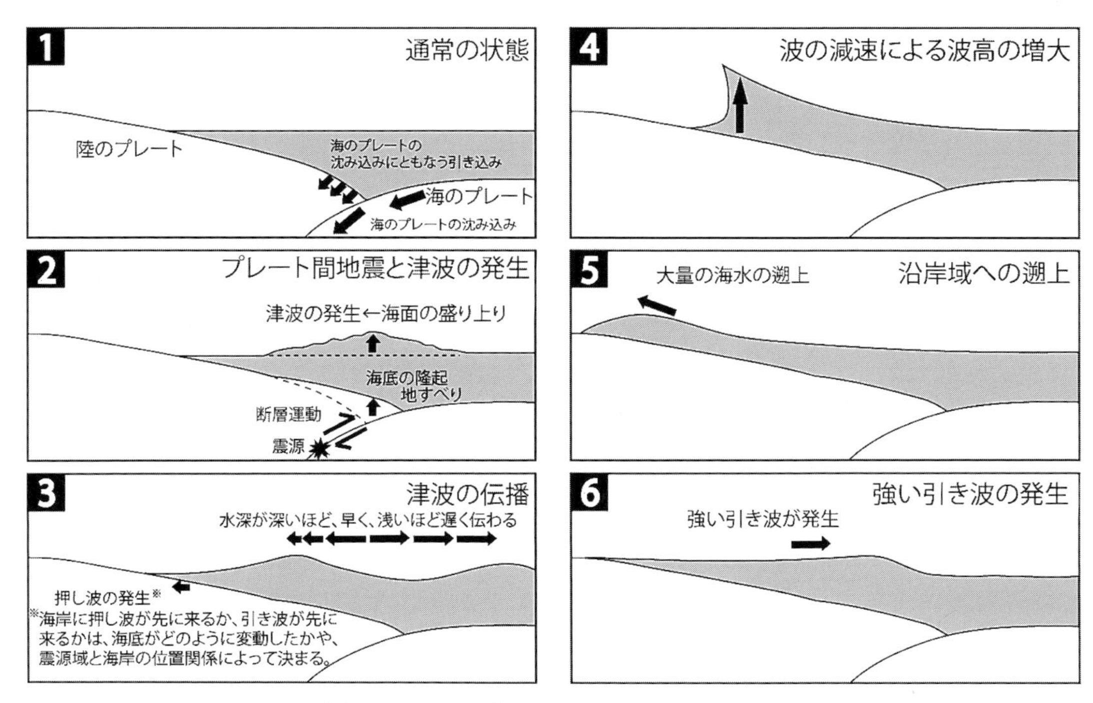

図 13-7　**津波の発生メカニズム**（地震調査研究推進本部 HP より作成）

る。しかも，浅い海岸付近に来ると波の高さが急激に高くなる特徴がある。

5．地震による被害

日本では，地震やそれにともなう津波によって多くの命が失われてきた（図 13-8）。

関東大震災をもたらした関東地震は，北米プレート（陸のプレート）とフィリピン海プレート（海のプレート）の境目にある相模トラフを震源としたプレート境界型地震である。また，東日本大震災を起こした東北地方太平洋沖地震も，北米プレートと太平洋プレート（海のプレート）との境界部で発生したプレート境界型地震である。2つの地震では，多くの死者・行方不明者が出たが，前者は都市部における火

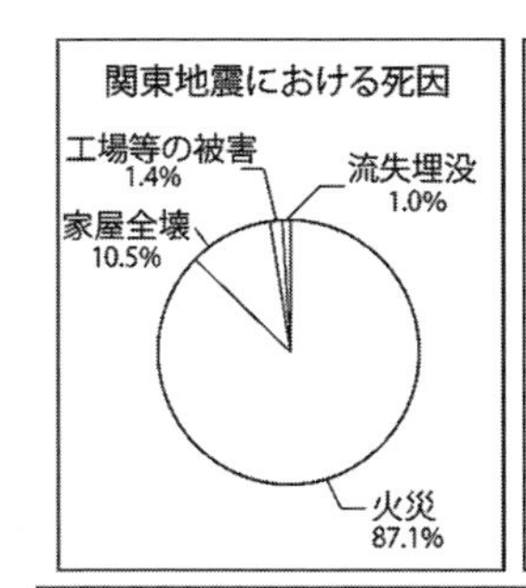

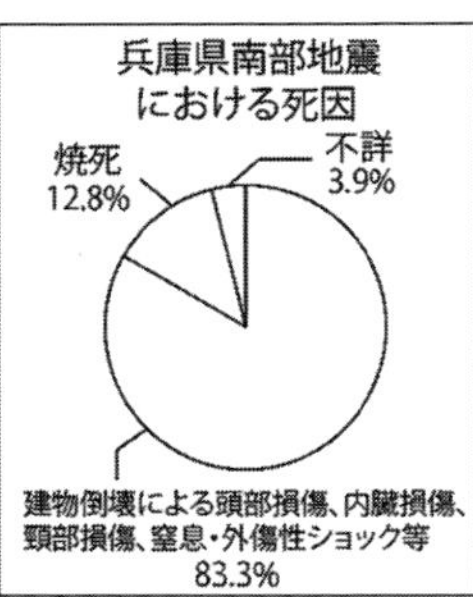

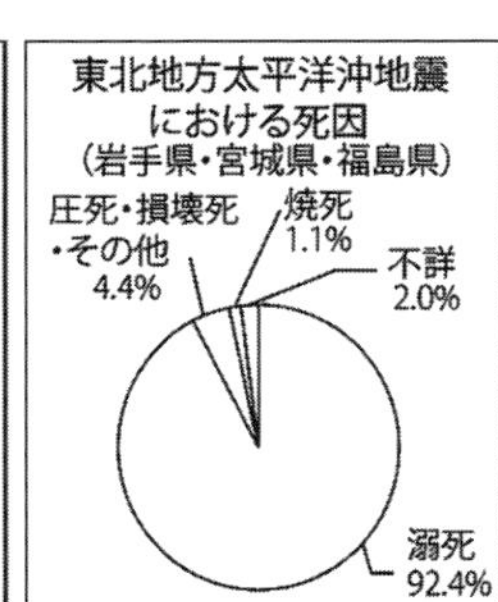

	関東大震災	阪神・淡路大震災	東日本大震災
発生日	1923年9月1日	1995年1月17日	2011年3月11日
震源	神奈川県相模湾 北西沖80km	淡路島北部沖の明石海峡	宮城県牡鹿半島の 東南東沖130km
主な被災地	関東地方南部	兵庫県南部	東北地方、関東地方北部
マグニチュード	7.9	7.3	9.0
死者	105,385人	6,434人	15,234人
行方不明者		3人	8,616人
負傷者	103,733人	43,792人	5,339人
家屋被害	372,659棟	256,312棟	161,665戸

注）東日本大震災の死者・行方不明者は2011年5月時点

図 13-8　**過去の地震被害**（内閣府中央防災会議 2011 より作成）

❀
南海トラフ：駿河湾から遠州灘，熊野灘，紀伊半島の南側の海域及び土佐湾を経て日向灘沖までのフィリピン海プレート及びユーラシアプレートが接する海底の溝状の地形を形成する区域.

❀
津波地震とは，単に津波を伴う地震を意味することもあるが，断層がゆっくりとずれて揺れが小さくても，発生する津波が大きくなるような地震を意味する.

災，後者は沿岸部における津波による被害が甚大であった。

一方，阪神・淡路大震災をもたらした兵庫県南部地震は，淡路島の野島（のじま）断層が大きな破壊を起こし，神戸側の断層が遅れてやや小さい破壊を起こした運動によって生じた内陸型地震と考えられている。この地震では，建物の倒壊にともなう死者が多く発生した。

6. 繰り返す地震

プレート境界型地震は，おおよそ一定の時間的間隔をおいて発生することが知られている。東北地方の平野では東日本大震災以前に，弥生時代や貞観（じょうがん）年間（859 ～ 877 年）に生じた大規模な津波によってもたらされた堆積物が確認されており，将来における巨大津波の襲来が予測されていた。

また今後，発生が予測されている南海トラフ地震は，ユーラシアプレート（陸のプレート）とフィリピン海プレートの境界部で生じるとされているプレート境界型地震であり，想定震源域では，過去の地震や津波の痕跡が明らかにされている（図 13-9）。

東日本大震災の教訓を生かし，過去の地震や津波の規模の情報にもとづいた減災対策の実施が望まれる。

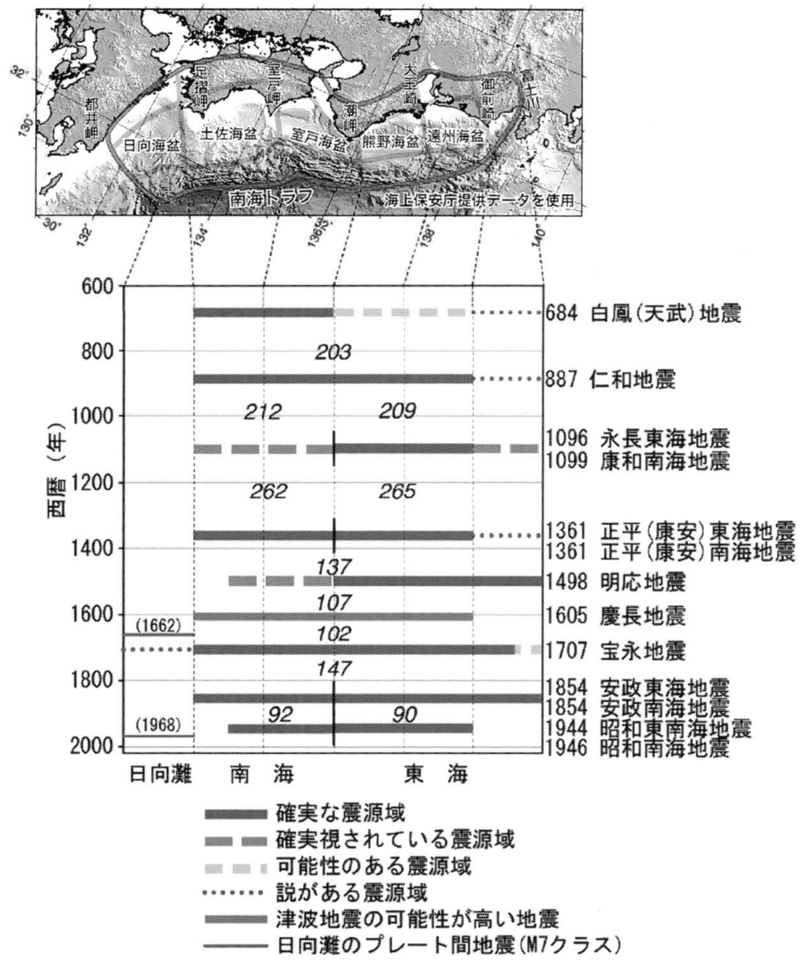

図 13-9　過去の南海トラフ地震（地震調査研究推進本部 2013）

7. 火山災害の実例と備え

火山によって生じる災害は，バラエティに富む（図 13-10）。2014 年の御嶽山（おんたけさん）（長野県・岐阜県）の噴火では，火口付近にいた登山者 58 名が噴石等によって死亡・行方不明となり，犠牲者数では戦後最悪となった。また，1990 年 11 月から 1995 年 2 月まで続いた雲仙岳（うんぜんだけ）（長崎県）の噴火活動では火砕流と土石流が繰り返して生じ，1991 年 6 月 3 日の大規模火砕流によって報道関係者など 43 名の死者・行方不明者を出す惨事となった。

戦前にさかのぼると，1926年に十勝岳（北海道）で融雪型火山泥流が発生し，144名の死者・行方不明者が出ている。なお，この災害に翻弄される人間模様は三浦綾子の小説『泥流地帯』・『続泥流地帯』に書かれている。

火山ガスによる人的被害も頻繁に生じている。その多くが，窪地に滞留したガスにまかれたものである。また，2000年には三宅島（東京都）の雄山で，火山活動により大量の火山ガスが放出され，全島民が避難する事態となった。

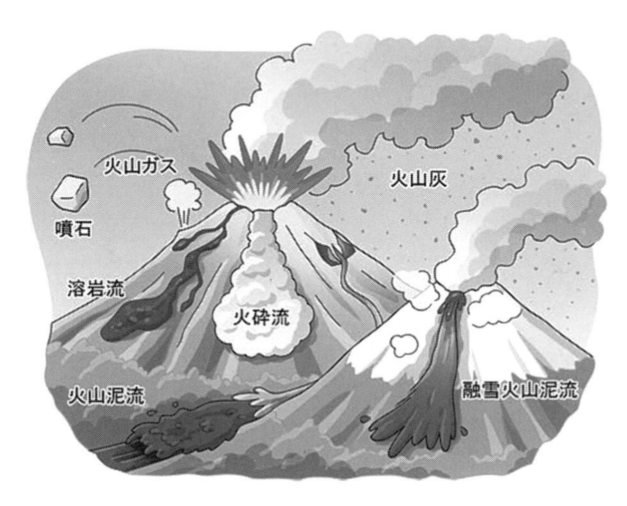

図 13-10　火山災害の種類（内閣府大臣官房政府広報室 HP）

火山から離れた地域においても，都市部では数 cm の降灰によって交通などの機能がマヒすることがあるので，注意が必要である。さらに，火山噴火によって生じる火山灰は飛行機の運行にも大きな影響を及ぼす。2010年のエイヤフィヤトラヨークトル（アイスランド）の噴火によって火山灰がヨーロッパ大陸上空に広く滞留した結果，多数の航空便が欠航して日本を含む世界の人や物の移動に支障をきたした。1991年のピナトゥボ山の噴火においても航空機の運航に影響を与えたほか，大量の大気エアロゾル粒子が成層圏に放出された結果，北半球の平均気温が低下するとともに，オゾン層の破壊率が大幅に上がった。

❀ 火山については，第3章も参照のこと．

❀ 火山ガス：主成分は水蒸気や二酸化炭素で，二酸化硫黄（亜硫酸ガス）も含まれる．また，少量の水素ガス，一酸化炭素，硫化水素，塩化水素が含まれる．

ところで，火山噴火は前兆現象をともなうことが多いので，正確な情報を得れば避けることのできる災害でもある。2000年の有珠山（北海道）噴火で，周辺地域の住民が噴火前に全員無事に避難できたのは，地震などから噴火を予測できたためである。火山活動が活発になったら，何より早期に避難することが大切である。気象庁などが発表する正しい情報を入手して，ハザードマップなどを参考にしながら，危険な場所から速やかに退避する必要がある。

コラム：過去から学ぶ－自然災害伝承碑

国土地理院は2019年度から，過去に発生した津波，洪水，火山災害，土砂災害等の自然災害にかかわる事柄（災害の様相や被害の状況など）が記載されている石碑やモニュメントを地形図等に掲載することを決めた（図 13-11）．その背景には，繰り返し起こる災害への警告として，過去の被災状況を伝える石碑が現地に建立されていたものの，地域住民にその伝承内容が十分に知られてこなかったという現実がある．

私たちには，過去の人々からのメッセージを受け止め，教訓を踏まえた的確な防災行動による被害の軽減を目指す責務がある．

図 13-11　地理院地図の自然災害伝承碑（国土地理院 HP）

（小野映介）

気象災害の発生メカニズムと対策

14 気象災害

1. 浮世絵に描かれた水害対策

日本では，水害から人々の生活を守り，国を豊かにするための治水が古くから続けられてきた。神奈川県西部を流れる酒匂(さかわ)川では，富士山の宝永噴火（1707年）による降灰によって土石流や河川の氾濫が多発し，100年近く治水工事が続けられた。歌川広重の浮世絵，東海道五拾三次「小田原・酒匂川」には，河川敷のヨシ原とともに護岸や水制のための蛇籠(じゃかご)が描かれており（図14-1），江戸時代の治水の様子がうかがわれる。

図14-1 東海道五拾三次 小田原・酒匂川（保永堂）（歌川広重）
対岸の河川敷に積み上げられている構造物が竹で編んだ籠の中に礫を詰めた「蛇籠」で，水流の勢いを弱める水制の役割を果たしたものと推察される．浮世絵からは蛇籠を二段重ねにして堅牢なものにしている様子がわかる．国立国会図書館デジタルコレクション https://dl.ndl.go.jp/info:ndljp/pid/1309890 より引用．

❀ 日本の気候については第8章を，沖積平野については第6章を参照のこと．

私たちが暮らす日本列島は，水害を含む気象災害が多発する地域の1つである。気象災害の猛威から生命や財産を守るためには，発生メカニズムを含めて気象災害を正しく理解し，防災や減災へと役立てる必要がある。

❀ 一般資産はおもに家屋・家庭用品や事業所資産などを指し，その被害額は市街地における水害による被害の程度を表している．

2. 水害のリスクが高い日本

日本列島の大半は温暖湿潤気候に属して降水量が多く，特に暖候期には大雨が毎年のように発生する。変動帯の険しい山地が上流となる日本の河川は総じて急流であり，氾濫する危険性が高い。こうした自然条件に加えて，日本の主要な都市のほとんどは沖積平野にあり，自然災害，特に水害に対して脆弱な土地に人口が集中している。

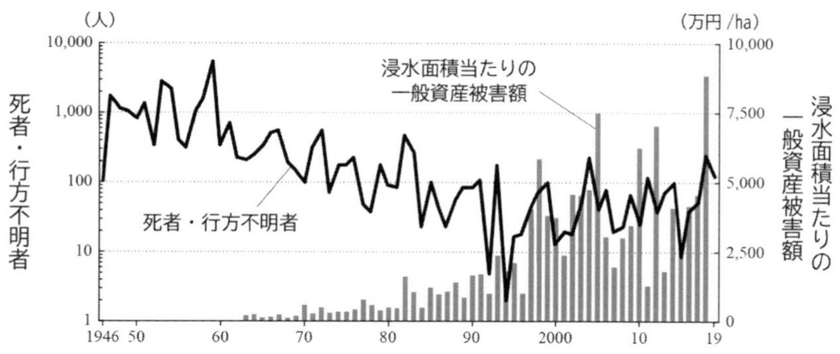

図14-2 水害による死者・行方不明者数と浸水面積当たりの一般資産被害額の推移
水害統計調査（国土交通省）により作成．浸水面積当たりの一般資産被害額は1963～2018年で算出した．

そのため日本では，全国各地で洪水や土石流などの災害が頻繁に発生し，大きな被害が発生してきた（図14-2）。1960年代以降は，強固な堤防の建設や河川改修といった治水インフラの整備が進み，気象予報の精度向上や防災意識に高まりなども加わって人的被害は減少傾向にある。ただし，2000年代以降も水害による被害は毎年発生しており，市街地拡大や宅地開発が進んだことで，浸水面積当たりの一般資産被害額（「一般資産水害密度」）は20世紀後半から増加傾向にある。最近でも，平成30年7月豪雨（西日本豪雨，2018年）や令和元年東日本台風（2019年）など，広範囲で大きな被害をもたらした水害が起きている。

3．大雨の原因

規模の大きな水害のおもな原因は，台風の接近・上陸や前線活動の活発化による大雨である。

1）台風

台風は，北西太平洋の熱帯・亜熱帯域で発生した熱帯低気圧が発達して，最大風速が17 m/s以上になったものを指す。台風発生数の平年値（1991～2020年）は25.1個で，台風シーズンにあたる7～10月に集中している。夏季に台風は太平洋高気圧の西側を回って北上し，日本列島付近を通る経路をとる。沖縄・奄美を除く日本列島への台風の接近数の平年値は5.8個で，2010年以降でみると，毎年2～6個の台風が上陸している。台風は海面からの水蒸気をエネルギー源としているため，日本付近の海水温が高い年には，強い勢力を維持したまま接近・上陸する。

台風は非常に発達した積乱雲の集合体で，広範囲で大雨となることが多く，河川の氾濫やがけ崩れなどの災害を発生させる。大雨に加えて，気圧の低い中心付近では強風をともなっており，風による被害も生じる。発達した台風が通過する際には，気圧の低下による吸い上げ効果や強風による吹き寄せ効果のため潮位が大きく上昇して高潮が発生することもある。高潮は，海沿いの低平な地域において浸水被害を引き起こし，1959年の伊勢湾台風では濃尾平野南部のデルタ地帯が高潮により広範囲で浸水して甚大な被害が生じた。

❀ 台風と同様に発達した熱帯低気圧は北西大西洋・メキシコ湾やインド洋でも発生し，ハリケーンやサイクロンと呼ばれる．ハリケーンとサイクロンは，最大風速が32.7 m/s以上に発達したものを指す．ハリケーンによる災害については『地誌学』第20章を参照のこと．

❀ 線状降水帯の形成プロセスにはいくつかあり，バックビルディング型はその1つである．日本での集中豪雨をもたらす線状降水帯の多くはバックビルディング型と言われている（吉崎・加藤 2007）．

2）前線活動による大雨

大雨は，日本付近に停滞する前線帯で生じることも多い。これは，同じ場所で長時間にわたり雨が降りやすくなるためで，積算降水量が多くなることで水害が発生する。梅雨期には，東シナ海からや太平洋高気圧の西縁に沿って暖かな湿った空気が流れ込みやすく，西日本を中心に大雨となる。秋雨期は秋の台風シーズンと重なっており，台風の接近にともない多量の暖かな湿った空気が供給されて，大雨となる。

こうした前線活動の活発化に加え，線状降水帯が形成されることで局地的な集中豪雨も発生する。気象庁の定義によると，線状降水帯とは線状に伸びる長さ50～300 km程度，幅20～50 km程度の強い降水をともなう雨域とされ（図14-3），強い雨を降らせる積乱雲が次々に後方から列状に移動してきて更新されることで（バックビルディング），強い雨が同じ場所で長時間継続して局地的な豪雨となる。台風を除い

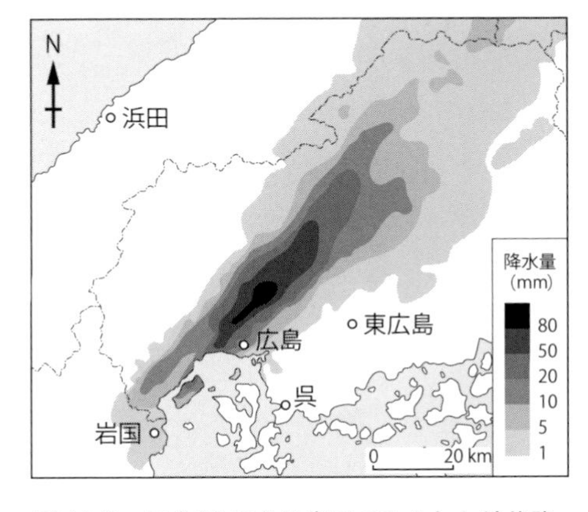

図14-3　平成26年8月豪雨でみられた線状降水帯（気象庁 2015より作成）
広島市付近における平成26年8月20日2～3時の1時間の積算降水量（解析雨量）を示した．南西から北東にかけて雨量の多い範囲が線状に伸びていることが分かる．

た集中豪雨のうち約3分の2は線状の形態を持っており（津口・加藤 2014），集中豪雨の発生には線状降水帯が少なからずかかわっていると考えられている。

4．洪水災害

台風や集中豪雨などでの多量の降水により，想定された水位（氾濫危険水位）を超えて河川水位が上昇すると，堤防が破壊されたり（破堤），堤防を越えて河川水があふれたりして（越水），堤内地に河川水が氾濫し，洪水となる。特に，狭窄部や合流点では増加した河川水が堰き止められるため，上流側で氾濫が起こる危険性が高い。

❀ 堤内地は堤防によって守られている住宅や農地がある側を指すのに対して，堤外地は河川水が流れる側を指す．私たちはおもに堤内地で生活している．

大河川では破堤などによる氾濫が発生すると広範囲が浸水し，甚大な洪水災害が発生する。1976年9月に濃尾平野西部を流れる長良川で発生した洪水では，右岸の決壊地点から河川水が流入し，地盤高がやや高い自然堤防を除く約17 km^{2}が浸水して，安八町では全世帯の約4分の3が被害を受けた（安八町 1986，図14-4）。この地域は輪中地帯として知られ，古来より輪中堤により頻発する洪水に対応してきた。しかし，被災当時には土地改良や道路整備によりその機能が失われていたものが多く，浸水域が広範囲に及んだ（高村ほか 1977）。

❀ 治水地形分類図：水害対策を目的として，一級河川の平野部を対象に地形分類や河川工作物などを示した主題図のこと．地理院地図で閲覧できる．

大雨時には，こうした破堤や越水などにより堤内地へ河川水が流入する外水氾濫だけでなく，内水氾濫による浸水被害も発生する。内水氾濫とは，河川水位が高いため堤内地に溜まった雨水を排出できなかったり，河川水が排水管や用水路などを通じて逆流したりして，建物や道路などが浸水することである。内水氾濫は周囲よりも低い土地であればどこでも起こる可能性があり，建物が密集する都市部で発生すると被害が大きくなる。最近では，2019年の令和元年東日本台風での大雨により，東京都と神奈川県の都県境を流れる多摩川の水位が上昇し，多摩川周辺では旧河道や周囲の低い土地などで内水氾濫が発生して，被害を受けた。

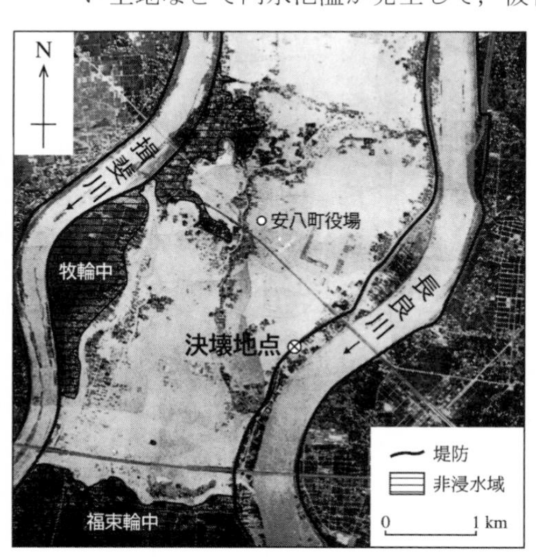

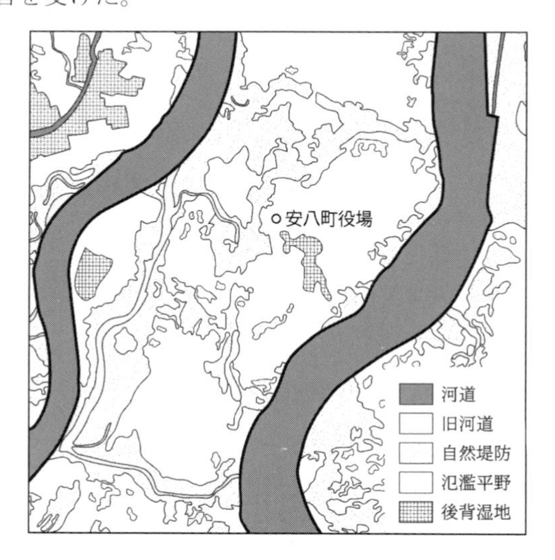

図14-4　岐阜県安八町における（a）長良川洪水時の航空写真と（b）治水地形分類図

決壊地点から長良川右岸に河川水が流入し，安八町全体に浸水域が広がった．輪中堤が残されていた下流の福束輪中（輪之内町）や西側の牧輪中は浸水していない．また浸水域の広がりは沖積平野の地形とも対応しており，治水地形分類図と重ね合わせると非浸水域や浸水深が浅い場所は自然堤防に位置していることがわかる．航空写真は安八町（1986）より引用し，治水地形分類図は地理院地図より作成した．

5. 土砂災害

図 14-5　平成 26 年 8 月豪雨で発生した土砂災害（広島市安佐南区）
山地の谷筋からの土石流が住宅地に流れ込んでいる様子がわかる．国土地理院撮影の斜め写真を一部拡大した．

大雨では土砂災害も発生し，豪雨災害における人的被害の半数近くを占める（牛山ほか 2019）。

土砂災害の原因となるがけ崩れ，地すべり，土石流などは重力を営力とした地形形成プロセスであり，山の近くや斜面ではどこでも起こりうる。がけ崩れは，急傾斜地において土石が集団で崩落する現象であり，家屋が倒壊するなどの被害が生じる。土石流は，急傾斜の谷筋や斜面から水を含んだ多量の岩屑（がんせつ）が非常に速いスピードで流下する現象で，その激しい流れによって，多量の土砂が家屋の中に一気に流れ込んだり，家屋が流失・倒壊したりするなどの被害が生じる。

こうした土砂災害は山間部だけでなく，丘陵や山麓まで市街地を拡大させた都市域でもみられる。2014 年 8 月 19 ～ 20 日には，広島市付近に線状降水帯が形成されて猛烈な雨が降り，山麓の住宅地で多数の土砂災害が発生した（図 14-5）。

岩屑：岩石の破片や礫・砂などが入り混じったもの.

6. 水害への備え

水害に対して，ハード面とソフト面の両方からの対策が行われている。ハード面では，砂防堰堤（さぼうえんてい）や堤防の整備をはじめ，治水ダムや河川を分流する放水路などが建設されてきた。都市部では下水道整備を進め，地下に貯水施設などをつくるなど，雨水の排出能力を高めて，内水氾濫への対策が行われている。

ある程度の氾濫を許容して被害を減らす洪水対策も行われている。霞堤（かすみてい）はその 1 つで，不連続な堤防の切れ目から，増水時に河川水の一部を逆流させて，河川流量の急増を抑制する。また，越流堤（えつりゅうてい）から河川水を意図的にあふれさせて貯留する遊水地も各地に設けられている（図 14-6）。

図 14-6　引地川の越流堤と大庭遊水地
引地川（ひきち）（神奈川県藤沢市）の下流は砂丘により狭窄されており，氾濫の危険性が高いため遊水地が設けられている．写真中の引地川の右岸に少し低くなった越流堤があり，水位が上昇すると大庭（おおば）遊水地に河川水があふれることで，河川流量の増加を抑制する．

ソフト面での対策では，ハザードマップや災害発生時の情報発信などの災害情報が重視されている。ハザードマップは，災害による被害予測を地図に示したもので，避難経路や避難所などの情報も示される。洪水ハザードマップでは，想定される洪水時の最大浸水深が示されており，生活空間の危険性を知ることに加え，避難経路を検討する際に役立つ。洪水ハザードマップは地形分類にもとづいて作成されており，沖積平野の地形を理解し，過去の土地利用など

砂防堰堤は急傾斜の渓流などに設けられ，土石流が発生した際に巨礫や流木などをとらえ，下流の被害を軽減する．治水ダムは，洪水調整を目的に含むダムのことで，大雨時に河川水を一時的に貯留して流量を調節する．

ハザードマップについては，第 1 章コラムも参照のこと．

地形分類は形状や堆積物などをもとに地形を区分したものである．地理院地図では「治水地形分類図」や「地形分類（自然地形）」が利用できる．

表 14-1　警戒レベルに対応した防災気象情報，避難情報，および住民のとるべき行動

警戒レベル	防災気象情報（気象庁）	自治体（市区町村）	住民のとるべき行動
5	大雨特別警報 氾濫発生情報	緊急安全確保	・命を守るための最善の行動
4	土砂災害警戒情報 氾濫危険情報など	避難指示	・警戒レベル 4 までに必ず避難！ ・危険な場所から全員避難
3	大雨警報 洪水警報など	高齢者等避難	・高齢者等は危険な場所から避難 ・必要に応じて避難準備など
2	大雨・洪水注意報 氾濫注意情報など		・ハザードマップ等で避難行動を確認する
1	早期注意情報 （警報級の可能性）		・防災気象情報に留意し，災害への心構えを高める

気象庁および内閣府の資料にもとづき作成.

をあわせて参照することで，災害リスクのより正確な判断につなげられる。ただし，想定外の状況が発生した場合，ハザードマップで示された場所以外でも災害が起こる可能性があるため，ハザードマップを過信しないよう注意が必要である。

災害時あるいは災害発生の危険が高まっている際には，様々な情報が気象庁や市区町村などの自治体から発信される。気象庁からは，洪水や土砂災害などについて危険度の段階ごとに防災気象情報が発表される（表 14-1）。また自治体からは，5 段階の警戒レベルにあわせて避難指示や緊急安全確保が出される。地域住民はこうした災害に関する情報に対応して行動するだけでなく，その時点での自身の状況をふまえ，自らの判断で最善の避難行動をとることが重要となる。

7．その他の気象災害

1）大雪

日本は世界でも有数の多雪地域であり，冬季にはシベリア高気圧から吹き出す東アジア冬季モンスーンによって，日本海側に多量の降雪をもたらす。降雪量や積雪量は年々変動が大きく，年によっては東アジア冬季モンスーンが強まって大雪になることがある。その要因の 1 つには，日本付近での偏西風の蛇行があり，ラニーニャ現象や北極振動とのかかわりが指摘されている（川村・小笠原 2007)。ブロッキング現象などで長期間にわたり西高東低の気圧配置が維持されると，強化された東アジア冬季モンスーンにより寒気が持続的に日本へ南下して，記録的な大雪となって災害が発生する。

❀
ラニーニャ現象はエルニーニョとは逆にペルー沖の海域の海水温が平年よりも低い状態が続く現象で，インドネシア周辺で積乱雲の活動が活発となる．エルニーニョについては第 7 章のコラムを参照のこと．

❀
北極振動（AO：Arctic Oscillation）は，北極域と中緯度帯の地上気圧がシーソーのように変動する現象で，北極域の気圧偏差がプラスで，中緯度域がマイナスになる時，日本付近では寒冷になる可能性がある．

大雪による災害では，積雪による建物の倒壊や損壊だけでなく，雪下ろしなどの作業時に転落するなどの事故による人的被害が発生する。記録的な大雪となった平成 18 年豪雪では，死者 152 人，負傷者 2145 人，一部損壊を含む住家への被害が 4713 棟の大きな被害が発生した（消防庁 2006)。大雪は，大規模な停電や交通・物流網の混乱なども引き起こし，人々の暮らしに大きな影響を及ぼす。

2）高温

日本の平均気温は 100 年当たりおよそ 1.2 ℃の割合で上昇している。1990 年代以降は年平均気温が高い年が多くなり，日最高気温が 35 ℃を超える猛暑日の出現日数が

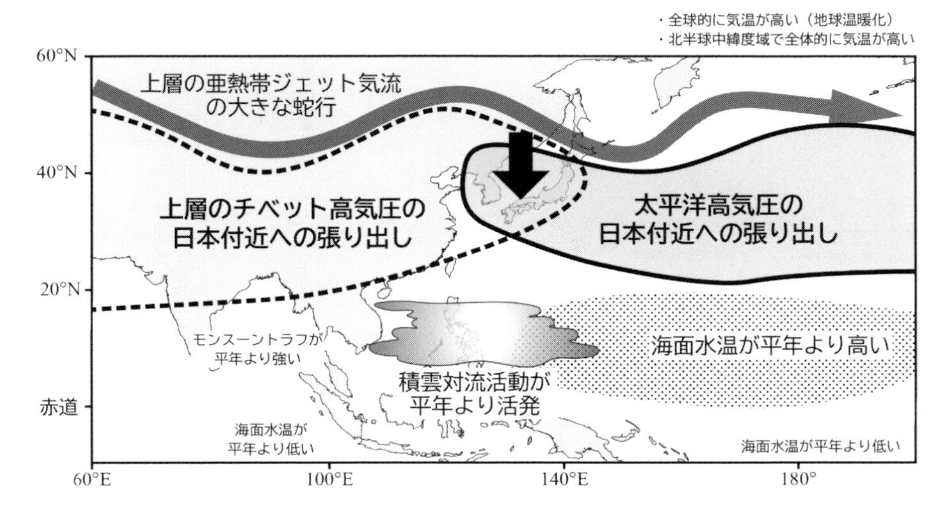

図 14-7　2018 年 7 月中旬～ 8 月の記録的な高温をもたらした大規模な大気の流れ（気象庁 2019 より作成）
持続的な亜熱帯ジェット気流の大きな蛇行（シルクロードパターン）とフィリピン付近の積雲対流活動が平年よりも活発だったことにより，上層のチベット高気圧と太平洋高気圧がともに日本付近に張り出した．これにより，日本付近は背の高い高気圧に覆われるとともに，強い下降気流や安定した晴天が続いたことで，強い日射にともなって気温が上昇した．

増加した（気象庁 2020）。こうした気温上昇は，長期的な地球温暖化に都市化によるヒートアイランド現象の影響が加わったものと考えられ，夏季の高温による人々の健康や農作物などへの影響が危惧されている。

日本の夏季の気候には赤道から中緯度にかけての大規模な大気の流れがかかわっている。夏季の日本周辺の気圧偏差とフィリピン周辺の対流活動は強く関連しており（P-J パターン），南シナ海・フィリピン海で積乱雲の活動が活発だと太平洋高気圧の勢力が強まる。また，地中海から日本付近にかけての偏西風（亜熱帯ジェット気流）も日本の夏季の気候に影響しており，大きく南北に蛇行すると（シルクロードパターン），チベット高原上の対流圏上層に形成されたチベット高気圧が日本付近まで張り出してくる。2018 年の夏季には，この 2 つのテレコネクションが重なり，日本付近は勢力の強い高気圧に覆われて記録的な高温となった（図 14-7）。

熊谷や浜松などでの局地的な気温上昇にはフェーン現象も寄与している。フェーンは山を越えて風下側に吹き下ろす，風上側よりも高温で乾燥した風のことで，風上側で降水をともなう場合（熱力学フェーン）と，降水がなく上層の風が吹き下りる場合（力学フェーン）とがある。40 ℃を超える最高気温を記録した地点の多くは，山域に近く，フェーンによる気温上昇が高温をもたらす要因になったと考えられる。

気温が高くなると熱中症のリスクが高まり，深刻な健康被害をもたらす。記録的な高温となった 2018 年の夏季には 9 万 5137 人が熱中症により救急搬送された（消防庁救急企画課 2018）。そのため，気象庁は高温注意情報や熱中症警戒アラートなどを通じて注意を促している。また，高温は農作物への影響も大きいことから，2 週間気温予報や早期天候情報などでの情報発信が行われている。

（吉田圭一郎）

❀
テレコネクションとは，離れた場所の気圧などの気象現象が互いに関連しながら変動する現象を指し，大気ー海洋相互作用などを通じて地理的に離れた地域の気候に影響する．

15　自然地理学を学ぶ意義

1. 自然の全体像の理解

これまでの各章では，私たちの暮らしや生活文化を意識しつつ，細分化した自然の諸事象について理解を深めた。しかし，自然の諸事象の理解を深めることだけが自然地理学を学ぶ目的ではない。第1章で述べたように，自然を構成する諸事象を相互関連性にもとづいて結びつけて，対象地域における自然環境の全体像を理解することが，地理学における自然のとらえ方であり，自然地理学を学ぶ到達目標である。

自然環境の全体像をとらえるためには，自然を構成する諸事象を「みわたす力」と「つなげる力」が必要となる。「みわたす力」は対象を地形，気候，植生などの多様な視角から把握し，多面的に理解する力である。また，「つなげる力」は，地形，気候，植生などの構成要素を互いの関連性にもとづいて結びつけ，全体像を織りなして表現する力である。自然地理学では，具体的な自然環境を多角的に「みわたし」て，抽象化や一般化しながら構成する諸事象を理解するとともに，諸事象の結びつきや相互関連性を踏まえながら「つなげ」，全体像を再構築して，対象の自然環境を深く理解することが求められる。

こうした「みわたす力」と「つなげる力」の連動は，地理学における学びの大きな特徴となっている（図15-1）。自然科学だけでなく，人文科学や社会科学を含め，近代における多くの学問分野は具体的な対象を抽象化して理解する方向に発展してきた。すなわち，個別的なものを一般化したり，概念化したりすることで，内在するプロセスや影響する背景などを明らかにして，対象の深い理解を試みてきた。しかし，地理学では思考するプロセスをさらに進め，抽象化して習得した概念的な事実を用いて，具体的な事象を再構成する。なぜなら，地理学の対象となる地域，空間，環境，景観などは多義的なものであり，抽象化したものを関連づけて理解を深めるべき具体

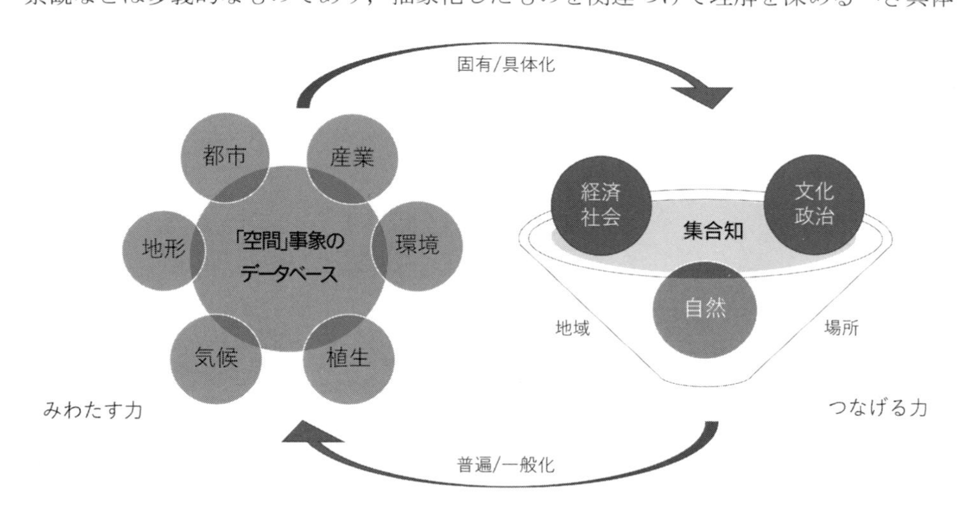

図15-1　地理学における「みわたす力」と「つなげる力」

的な現実世界のためである。

簡単な事例として，気候の学習を考えてみよう。気候を把握するために，私たちは気温や降水量などの気象要素に置き換えることで抽象化し，空間的な広がりを等値線図や気候区分などによって表現して理解を進める（「具体→抽象」）。一方で，ある地域を理解する際には，抽象化されて表現された気候要素を頭の中で具体化し，目の前にみられる植生などの自然環境や人々の生活文化との関連などを思考して，気候や自然環境や景観を読み解く（「抽象→具体」）。このように地理学では，地表面を構成する諸事象を概念的・理論的に理解するだけでなく，それらにもとづいて実際の自然環境や地域を具体的に理解することも求められているのである。

こうした抽象化と具体化の往還こそが，地理学における学びの本質であり，面白さでもある。また，自然地理学と人文地理学を学んだうえで，地誌学へと結実する地理学全体の方向性でもある。この章では，自然地理学のまとめとして，他の事象との関連を考えながら，各章の内容をふりかえる。そして，細分化して理解した自然の諸事象を再度組み上げて，自然環境の全体像の理解を読者諸氏にうながしていきたい。

2. 自然地理学の「みわたす力」と「つなげる力」

本書は15章から成っており，高等学校までの教科の地理と大学で学ぶ自然地理学との橋渡しとなるよう，各章では自然を構成する諸事象について解説してきた。以下では，他の事象との関連を意識しながら，各章の内容を概観し，ふりかえる。

第2章から第6章はおもに地形分野について取り上げた。第2章では地球における地形形成を理解するために不可欠である，プレートテクトニクスやプルームテクトニクスといった内的営力の面から概観した。第3章では日本列島に住む私たちになじみの深い火山噴出物と，それによって形成される地形について，自然科学的な見地からの理解を深めた。第4章では，人間活動の舞台としての地形を形づくる初動としての岩石の風化と，それに続く侵食を取り上げた。また，生業において重要な役割を果たす土壌について，風化砕屑物の土壌化メカニズムという観点から述べた。第5章と第6章では，とりわけ日本列島において人々の集住の場となっている段丘や丘陵，沖積平野の地形・地質的特徴について学び，それらが地球史的には極めて新しい存在であるという認識を持った。

第7章と第8章では気候について取り上げ，人々の生活文化とのかかわりにも言及した。第7章では，地球規模の気候の成り立ちについて，放射収支や大気循環などから理解を深めた。世界の気候は海陸分布や大地形にも影響を受けることから，より複雑なものになっていることを述べた。第8章では，気候が私たちの暮らしと深くかかわることに着目して，世界の人々が多様な気候環境にうまく対応した生活文化を育んできたことを紹介した。また，日本がユーラシア大陸と太平洋の間の中緯度に位置することを踏まえて，日本の気候環境の特徴を明瞭な季節変化を中心に概観した。

第9章では生物の地理的分布について取り上げ，気温と降水量が生物群系の分布の主な支配要因となることを理解した。身近な日本の植生分布についても解説し，気候だけでなく，標高・起伏や地形形成プロセスも植生分布にかかわることを述べた。

第10章では，人と水の関係を考えるうえでの基礎的事項として，地球に存在する水がどのような状態で存在し，それらがいかなる性質を持つのかを概観した。これにより，世界の水問題の背景を理解してもらえたはずである。

第11章と第12章では，過去の気候変動と海面変動について述べた。ここでの学びの目的は，単なる過去の事象の理解ではない。「過去は，現在・未来を考えるための鍵である」という立場から，過去の事象をもとに，我々が現在直面している地球温暖化や海面上昇を地球史に位置づけて理解してほしい。

第13章と第14章では，私たちの生活や社会に大きな被害をもたらす自然災害について取り上げた。第13章では，日本で多発する地震と火山活動について，その発生メカニズムを解説するとともに，将来の災害に対応するため，過去に発生した地震や火山災害について紹介した。第14章では，日本で毎年のように発生する水害を中心に気象災害を過去の事例を示しながら概観し，防災・減災に向けたハード面とソフト面の両方からの災害対策について述べた。

第1章で述べたとおり，自然の諸事象は互いに関連している。ここでふりかえったように，他の事象との関連性を意識しながら内容を改めて確認し，総体としての自然環境の理解を進めてほしい。様々な事象をつなげて考えることを難しいと感じる人がいるかもしれないが，自然を多角的にとらえる視点を身につけていれば，思っているほど自然環境の全体像を理解することは難しくない。例えば，日本における自然環境の概略を以下にみてみよう。

私たちが暮らす日本列島は変動帯に位置する。そのため，地殻変動が激しく，起伏の大きな山地が形成されている。加えて，温暖湿潤気候で降水量が多いため，日本列島は世界の中で侵食量が大きい地域である。山地における侵食はおもに斜面崩壊などのマスムーブメントで生じており，供給された土砂によって河川の中・下流域には扇状地や沖積平野が発達している。河川による侵食・堆積作用に，地殻変動と氷河性海面変化が加わり，段丘や丘陵地が形成された地域もみられる。

ユーラシア大陸と太平洋との間に位置する日本の気候は季節風の影響を強く受けている。夏季には南寄りの湿った季節風により高温多湿になる。一方で，冬季はユーラシア大陸からの北西季節風が日本列島の起伏の大きな山地にぶつかることで，日本海側に多量の降雪をもたらす。温暖で降水量が多い日本は森林に覆われている。概ね気温に沿って森林植生が分布するものの，冬季の多量の積雪の影響を受けて，太平洋側と日本海側とでは違いがみられる。降水量が多い日本では水資源が豊富であり，特に火山では地下水の流出量が多く，温泉が多数存在する。また，冬季における山地での積雪は，初夏にかけて豊富な雪解け水を下流の水田地帯に供給している。

近づきあう（せばまる）プレート境界にあたる日本周辺では規模の大きな地震が多発してきた。また，富士山をはじめとした活動的な火山も多く分布し，爆発的な火山活動による被害もたびたび生じている。夏季には，前線帯が停滞したり，台風が襲来したりするなど，大雨による洪水や土砂災害が毎年のように起きている。日本列島は世界の中でも自然災害が最も多い地域の1つであり，私たちの暮らしの中で防災や減災は重要な関心事となっている。

以上が本書で学んだことを活かして説明した，日本における自然環境の全体像の概略となる。自然を構成する諸事象の理解を深め，それらの関連性や結びつきを考えることができれば，日本に限らず，様々な地域で，様々な時空間スケールで，自然環境の全体像を表現することができる。自然地理学を学んだみなさんには，こうした視点で地域の自然環境をとらえられることを期待する。そして，『人文地理学』で得た人間社会にかかわる事象と合わせ，地表面を構成する諸事象をみわたし，つなげることで，地域や空間を総合的に理解する『地誌学』での学びにつなげてほしい。

3．自然地理学を学ぶ意義と社会貢献

20 世紀後半以降には人間活動が大規模かつ広範囲に及び，新たな地質時代の区分である「人新世（Anthropocene）」が提案されるなど，私たちの社会は自然に多大な影響を与え，自然環境にかかわる多くの課題に直面している。一方で，人と自然のかかわりは，国や地域，場所，時代などにより様々であり，一義的な課題解決を難しいものにしている。各章の冒頭で言及しているように，自然地理学は人間社会と自然環境との関係について考える学問分野でもある。そこでは，地球規模での自然環境の変化から，身近な地域で人々の生活の基盤として支えている自然環境まで，様々な時空間スケールの事象を同じ学問体系の中で矛盾なく扱っている。自然地理学を学ぶことで，大所高所から人と自然のかかわりを俯瞰しながら，実際の課題に直面している地域において，具体的な対応策や実践的な活動の提案など，課題解決に向けた社会貢献に役立つ思考力・判断力や技能を養うことができる。

❀
人新世：大気科学者のクルッツェンと生態学者のストーマーが 2000 年に提案した新しい地質時代区分のこと．人間活動が地球全体の気候や生態系に大きく影響する時代を指す．

自然地理学での学びは，喫緊の課題となっている自然災害への対応や取り組みに貢献することが特に期待されている。自然地理学では自然災害を引き起こす自然現象のメカニズムについて理解することに加えて，人々の生活とのかかわりを踏まえた自然災害の実態について学ぶ。また，読図の技能を用いて，整備が進むハザードマップの活用方法を習得する。これらは，自然災害に直面した際に，適切な判断や行動をするうえで必要な知識や技能となる。自然地理学での学びは，普段から自然災害に備える防災や減災に向けた取り組みにも役立つ。自然地理学は，世界の中でも自然災害が多い日本において，非常に有用な学問分野であるといえる。

❀
地図の読図については第 1 章コラムも参照のこと．

また，人と自然のかかわりについて考える自然地理学は，地球環境問題の解決に向けた取り組みにも役立つ。地球環境問題は，人間社会が抱える諸課題とも密接に関連しているため，人とのかかわりを排除した単純な自然保護や利用制限では解決が難しい。例えば，森林破壊の進展は，貧困や食糧不足が背景になっており，一方を解決しようとすると，他方の問題を解決することができなくなる。したがって，地球環境問題を解決するためには，その背景となる人間社会にも目配せしながら，自然資源の利用と自然環境の回復力（レジリエンス）とのバランスをとった持続可能な開発が求められている。自然地理学を含む地理学は，変化する時空間の中における人と自然の相互関連性や相互依存関係についてもその範疇に含んでおり，持続可能な開発に依拠した地域社会の維持と発展に貢献する学問として期待されている（UNESCO MGIEP 2017，図 15-2）。

❀
レジリエンス：ここでは自然環境に備わる復元力や弾力性を指す．外からのストレスにより変化した構造や機能を再び元の状態に回復する能力のこと．

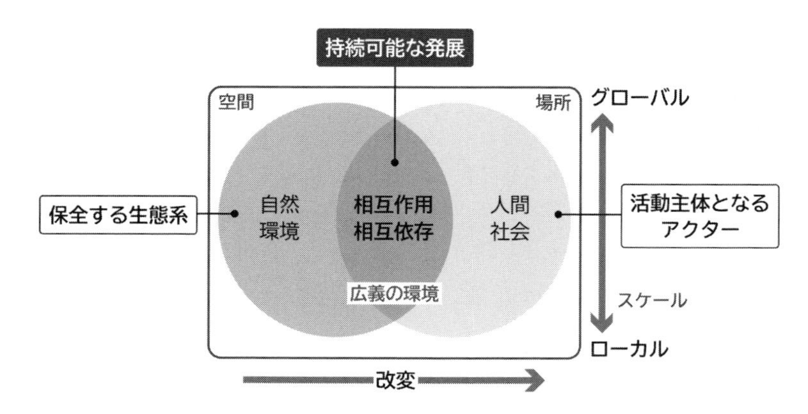

図 15-2　持続可能な発展に向けて地理学が扱う事象の位置づけ（UNESCO MGIEP 2017）

4. 自然地理学を学んだ人たちの進路

自然地理学で身につけた知識や技能は，汎用性が高く，社会のあらゆる分野で活用することができる。また，対象とする範囲の広さから，学んだ知見やフィールドワークなどを通じて身につけた経験を生かすことで，グローバルから身近な地域まであらゆる場所や場面で力を発揮することができる。

自然地理学の専門性に関連する職業として，地質・建設関連のコンサルタントやシンクタンク，地図製作や測量などを担う会社，気象予報士を含む気象関連企業などが挙げられる。また，身近な地域では自然災害などの様々な課題があることから，国や地方の公務員として貢献することもできる。世界の様々な地域についての豊富な知識を生かして，企業や国際NGOなどで国際協力に携わることも可能である。最近では，社会基盤として地理情報が重要となっており，地理情報システム（GIS）やリモートセンシングの知識や技能を活かした仕事も増えている。

自然地理学を学べる大学の学科や課程では，中学校（社会）や高等学校（地理歴史）の教員免許状を取得できる場合が多い。中学校や高等学校の地理では，人間社会とのかかわりの中での自然環境を教えることが多いため，大学における自然地理学の学びが重要となる。大学によっては，測量士補，GIS学術士・地域調査士（日本地理学会が認定），修習技術者（技術士補），などの資格も取得できる。こうした資格を得る過程で習得した専門性の高い知識や技能を活用して，身近な地域から国際社会まで幅広く活躍する人材を育成することが期待されている。

（吉田圭一郎・小野映介・上杉和央・近藤章夫・香川雄一）

コラム：自然環境を把握するための資料やデータ

自然地理学において自然の全体像を明らかにするためには，第1章で紹介したフンボルトのように対象となる自然の諸要素の実態を把握する必要がある．対象となる地域の空間スケールが小さい場合は，自分自身で現地調査を行うことになるが，全てを記載することは実際には難しく，公表されている資料を援用することが多い．

図 15-3　靖国神社にある桜（ソメイヨシノ）の標本木（2021年3月撮影）

地形の把握には地形図が用いられる．日本では国土地理院が発行する2万5千分の1地形図が最も大きな縮尺で日本全国をカバーしている．地方自治体が作成するハザードマップはウェブサイトでも閲覧できるものが多く，地域住民が活用する際に避難経路や避難所などの情報を詳細に読み取れるように大縮尺の地形図や住宅地図をベースに用いている場合もある．最近では，縮尺や範囲などがシームレスに表示され，ウェブサイト上で利用可能な地理院地図が使われることも多く，地形断面図および3D地形図の作成や他の主題図との重ね合わせなど，地形や地形と関連することがらを把握するための豊富な機能を有している．

気象観測データからは季節の移り変わりや身近な気候を知ることができる．日本では地方気象台や特別地域気象観測所などのほか，約1300カ所のアメダス（AMeDAS）によって気象観測が実施されており，気象庁ホームページにおいて過去の観測データを参照することが可能である．また，地方気象台では，生物季節についての観測も行われており，標本木の観察にもとづく桜の開花もその1つである（図15-3）．

日本やアメリカを含めた世界各国は地球観測衛星を打ち上げており，広範囲の自然環境を把握する手段となっている．地球観測衛星から得られたリモートセンシングデータは地球環境や自然災害など多様な分野での利活用が進んでおり，無料で利用できるデータも多い．最近では，人工衛星による観測と地上での調査とのスケールギャップを埋めるために，小型無人航空機（UAV：Unmanned Aerial Vehcle）を用いたリモートセンシングも盛んになりつつある（図15-4）．

図 15-4　小型無人航空機から撮影した清水港と富士山

手前は三保の松原に続く砂嘴（三保半島）の先端部分．

（吉田圭一郎）

引用文献・参考文献

〈第1章〉

・引用文献

堀　信行　1995．生態学的視点から見た自然地理学の再体系化——地理学の空洞化を埋める地理教育の再生．地理科学 50：167-171．

・参考文献

岩田修二　2018．『統合自然地理学』東京大学出版会．

手塚　章　1991．『地理学の古典』古今書院．

手塚　章　1997．『続・地理学の古典——フンボルトの世界』古今書院．

マシューズ・ハーバート著，森島　済・赤坂郁美・羽田麻美・両角政彦訳　2015．『マシューズ&ハーバート　地理学のすすめ』丸善出版．Matthews, J.A. and Herbert, D.T. 2008. *Geography: A Very Short Introduction*. Oxford: Oxford University Press.

〈第2章〉

・引用文献

貝塚爽平編　1997．『世界の地形』東京大学出版会．

高知工科大学・総合研究所博物資源工学センター　死海地溝帯．http://www.kochi-tech.ac.jp/paleox/project1/pic/pic01.html（最終閲覧日：2021年7月20日）

諏訪兼位　2006．地質フォト：南アフリカのダイヤモンド鉱山．日本地質学会．http://www.geosociety.jp/faq/content0018.html（最終閲覧日：2021年6月2日）

平　朝彦　2001．『地質学1　地球のダイナミックス』岩波書店．

松原　聡　2006．『ダイヤモンドの科学』講談社．

USGS　Historical perspective. https://pubs.usgs.gov/gip/dynamic/historical.html（最終閲覧日：2021年7月20日）

・参考文献

アルフレッド・ウェゲナー著，竹内　均訳，鎌田浩毅解説　2020．『大陸と海洋の起源』講談社．Alfred Wegener 1929. *Die Entstehung der Kontinente und Ozeane*. Braunschweig: Vieweg & Sohn.

〈第3章〉

・引用文献

貝塚爽平・太田陽子・小疇　尚・小池一之・野上道男・町田　洋・米倉伸之編，久保純子・鈴木毅彦増補　2019．『写真と図でみる地形学　増補新装版』東京大学出版会．

気象庁　雲仙岳．https://www.data.jma.go.jp/svd/vois/data/fukuoka/504_Unzendake/504_index.html（最終閲覧日：2021年7月29日）

京都大学防災研究所附属火山活動研究センター桜島観測所　爆発現象 - 桜島．http://www.svo.dpri.kyoto-u.ac.jp/svo/ 桜島 / 爆発現象 %e3%80%80-%e3%80%80 桜島 /（最終閲覧日：2021年7月29日）

巽　好幸　1995．『沈み込み帯のマグマ学——全マントルダイナミクスに向けて』東京大学出版会．

洞爺湖有珠山ジオパーク　火山との共生．https://www.toya-usu-geopark.org/about-us-2（最終閲覧日：2021年7月20日）

町田　洋・新井房夫　2003．『新編　火山灰アトラス——日本列島とその周辺』東京大学出版会．

Simkin, T., Tilling, R. I., Vogt, P. R., Kirby, S. H., Kimberly, P. and Stewart D. B. , Cartography and graphic design by Stettner, W. R. with contributions by Villaseñor, A. and edited by Schindler, K. S. 2006. *This Dynamic*

Planet World Map of Volcanoes, Earthquakes, Impact Craters, and Plate Tectonics. (Third Edition). USGS.

・参考文献

守屋以智雄　2012.『世界の火山地形』東京大学出版会.

〈第4章〉

・引用文献

大羽　裕・永塚鎮男　1988.『土壌生成分類学』養賢堂.
於保幸正・海堀正博・平山恭之　2015.『地表の変化——風化・侵食・地形・土砂災害』広島大学出版会.
四国西予ジオパーク　K4 寺山ポリエ. http://seiyo-geo.jp/c/geopoint/k4-terayama_polie/（最終閲覧日：2021年7月20日）
藤井一至　2018.『土 地球最後のナゾ——100億人を養う土壌を求めて』光文社新書.

・参考文献

浅海重夫編　2001.『大学テキスト　土壌地理学』古今書院.

〈第5章〉

・引用文献

海津正倫　1994. 川と海がつくる平野の自然　濃尾平野. 野上道男・守屋以智雄・平川一臣・小泉武栄・海津正倫・加藤内蔵進編『日本の自然　地域編4　中部』138-150. 岩波書店.
貝塚爽平　1983.『空からみる日本の地形』岩波書店.
国土地理院　海の作用による地形. https://www.gsi.go.jp/kikaku/tenkei_umi.html（最終閲覧日：2021年7月20日）
鈴木毅彦　2000. 関東平野西部. 貝塚爽平・小池一之・遠藤邦彦・山崎晴雄・鈴木毅彦編『日本の地形4　関東・伊豆小笠原』232-239. 東京大学出版会.
田村俊和　1977. 山・丘陵——丘陵の地形とその利用・改変の問題を中心に.『土木工学大系19　地域開発論Ⅰ　地形と国土利用』1-73. 彰国社.
田村俊和　2017. 丘陵. 日本地形学連合編・鈴木隆介・砂村継夫・松倉公憲責任編集『地形の辞典』195. 朝倉書店.
三浦　修・田村俊和　1990. 丘陵地の利用と二次的自然の形成. 松井　健・竹内和彦・田村俊和編『丘陵地の自然環境——その特性と保全』20-27. 古今書院.
山崎憲治 2003.『めぐろシティカレッジ叢書3　地域に学ぶ——身近な地域から「目黒学」を創る』二宮書店.

・参考文献

鈴木隆介　2000.『建築技術者のための地形図読図入門　第3巻　段丘・丘陵・山地』古今書院.

〈第6章〉

・引用文献

井関弘太郎　1983.『UPアース・サイエンス12　沖積平野』東京大学出版会.
海津正倫　1994.『沖積低地の古環境学』古今書院.
小倉博之　2004. 大阪平野の発達史と地盤環境. 太田陽子・成瀬敏郎・田中眞吾・岡田篤正編『日本の地形6　近畿・中国・四国』88-91. 東京大学出版会.
小野映介　2012. 沖積低地の地形の特徴と成り立ち. 海津正倫編『沖積低地の地形環境学』31-38. 古今書院.

貝塚爽平・成瀬　洋・太田陽子・小池一之　1995.『新版　日本の自然 4　日本の平野と海岸』岩波書店.
梶山彦太郎・市原　実　1986.『大阪平野のおいたち』青木書店.
高田健一　2017. 直浪遺跡からみた砂丘遺跡の形成過程. 鳥取大学国際乾燥地研究教育機構監修・小玉芳敬・永松　大・高田健一編『鳥取砂丘学』74-79. 古今書院.
田中眞吾・成瀬　洋　2004. 人為による地形改変・自然災害と地形. 太田陽子・成瀬敏郎・田中眞吾・岡田篤正編『日本の地形 6　近畿・中国・四国』344-351. 東京大学出版会.
堀　和明　2012. 世界のデルタ. 海津正倫編『沖積低地の地形環境学』71-78. 古今書院.
安田喜憲　1988.『森林の荒廃と文明の盛衰』思索社.
Pranzini, E. 2001. Updrift river mouth migration on cuspate deltas: Two examples from the coast of Tuscany (Italy). *Geomorphology* 38: 125-132.
Rapp, G. Jr. and Hill, C.L. 1998. *Geoarchaeology*. London: Yale University Press.
Waters, M. R. 1992. *Principles of geoarchaeology*. Tucson: The University of Arizona press.

・参考文献

海津正倫　2019.『沖積低地――土地条件と自然災害リスク』古今書院.

〈第 7 章〉

・引用文献

IPCC 著, 気象庁訳　2007.『IPCC 第 4 次評価報告書　第 1 作業部会報告書 概要及びよくある質問と回答』気象庁. https://www.data.jma.go.jp/cpdinfo/ipcc/ar4/ipcc_ar4_wg1_es_faq_all.pdf（最終閲覧日：2021 年 6 月 2 日）
水野一晴　2018.『世界がわかる地理学入門』筑摩書房.
Davidson, E.A., de Araújo, A.C., Artaxo, P., Balch, J.K., Brown, I.F., Bustamante, M.M., Michael, T.C., Ruth, S.D., Keller, M., Longo, M., Munger, J.W., Schroeder, W., Soares-Filho, B.S., Souza, C.M., and Wofsy, S.C. 2012. The Amazon basin in transition. *Nature* 481: 321-328.
Hartmann, D.L. 2013. *Global Physical Climatology*, Second Edition. Elsevier Science.
Kiehl, J. T., and Trenberth, K. E. 1997. Earth's annual global mean energy budget. *Bulletin of the American Meteorological Society* 78: 197-208.
IPCC 2007. Climate Change 2007: *The Physical Science Basis. Contribution of Working Group I to the Fourth Assessment Report of the Intergovernmental Panel on Climate Change*. Cambridge: Cambridge University Press.

・参考文献

小倉義光　2016.『一般気象学　第 2 版補訂版』東京大学出版会.
安成哲三　2018.『地球気候学――システムとしての気候の変動・変化・進化』東京大学出版会.
山下脩二・水越允治　1985.『気候学入門』古今書院.
世界気象機関編, 近藤洋輝訳　2004.『WMO 気候の事典』丸善出版. Burroughs, W. ed.　2003. *Climate into the 21st century*. Cambridge: Cambridge University Press.

〈第 8 章〉

・引用文献

日下博幸　2013.『学んでみると気候学はおもしろい』ベレ出版.
倉嶋　厚　2002.『大学テキスト　日本の気候』古今書院.
Hall, C.F. 1865. *Arctic researches, and life among the Esquimaux*. New York: Harper & Brothers Publishers.

Peel, M.C., Finlayson, B.L., and McMahon, T.A. 2007. Updated world map of the Köppen-Geiger climate classification. *Hydrology and Earth System Sciences* 11: 1633-1644.

・参考文献

青山高義・小川　肇・岡　秀一・梅本　亨　2009.『日本の気候景観――風と樹　風と集落　増補版』古今書院.

小倉義光　2015.『日本の天気――その多様性とメカニズム』東京大学出版会.

吉野正敏監修, 気候影響・利用研究会編　2002.『日本の気候　第1巻　最新データでメカニズムを考える』二宮書店.

〈第9章〉

・引用文献

奥田敏統・吉田圭一郎・足立直樹　2002. 熱帯林のエコロジカルサービスを探る――生態研究の接点と統合環境管理プロジェクトに向けて. TROPICS 11：193-204.

菊池多賀夫　2001.『地形植生誌』東京大学出版会.

吉良竜夫　1971.『生態学からみた自然』河出書房新社.

高岡貞夫　2016. 上高地谷の植生. 上高地自然史研究会編『上高地の自然史』38-57. 東海大学出版部.

吉岡邦二　1973.『生態学講座 12　植生地理学』共立出版.

吉田圭一郎　2021. 世界の植物群系. 日本森林学会編『森林学の百科事典』22-23. 丸善出版.

Ricklefs, R.E. 2008. *The economy of nature 6th edition*. New York: W.H. Freeman and Company.

Walter, H. 1973. *Vegetation of the earth in relation to climate and the eco-physiological conditions*. London: The English Universities Press.

・参考文献

福嶋　司　2017.『図説　日本の植生（第2版）』朝倉書店.

ホイッタカー, R.H. 著, 宝月欣二訳　1974.『生態学概説：生物群集と生態系』培風館. Whittaker, R.H. 1971. *Communities and ecosystem*. New York: Macmillan.

Chapin III, F.S., Matson, P.A., and Vitousek, P.M. 著, 加藤知道監訳　2018.『生態系生態学　第2版』森北出版. Chapin III, F.S., Matson, P.A., and Vitousek, P.M. 2011. *Principles of Terrestrial Ecosystem Ecology*, 2nd edition. New York: Springer.

〈第10章〉

・引用文献

伊豆半島ジオパーク　柿田川. https://izugeopark.org/geosites/kakitagawa/（最終閲覧日：2021年7月20日）

榧根　勇　2013.『地下水と地形の科学　水文学入門』講談社.

環境省　2014. 日本の汽水湖～汽水湖の水環境の現状と保全～－概要版　https://www.env.go.jp/water/kosyou/brackish_lake/gaiyo.pdf（最終閲覧日：2021年7月20日）

環境みやざき推進協議会　きれいな水と汚れた水　地球をめぐる水の循環. https://www.miyazaki-kankyo.or.jp/eco/eco86/naibu/p2.html（最終閲覧日：2021年7月20日）

国立極地研究所編　1990.『南極科学館――南極を見る・知る・驚く』古今書院.

武田育郎　2010.『よくわかる水環境と水質』オーム社.

巽　好幸　2014.『和食はなぜ美味しい――日本列島の贈りもの』岩波書店.

田中丸治哉・大槻恭一・近森秀高・諸泉利嗣　2016.『シリーズ地域環境工学　地域環境水文学』朝倉書店.

内閣官房水循環政策本部事務局　水循環とは！　https://www.cas.go.jp/jp/seisaku/mizu_junkan/about/index.

html（最終閲覧日：2021 年 7 月 20 日）
日本海洋学会編　2017.『海の温暖化——変わりゆく海と人間活動の影響』朝倉書店.
諸泉利嗣　2019. 土壌水と地下水. 田中丸　治哉・大槻恭一・近森秀高・諸泉利嗣『地域環境水文学』82-101. 朝倉書店.

・参考文献

秋道智彌編　2010.『水と文明——制御と共存の新たな視点』昭和堂.

〈第 11 章〉

・引用文献

神奈川県立生命の星・地球博物館　2004. 企画展ワークテキスト「＋ 2℃の世界～縄文時代に見る地球温暖化」. 神奈川県立生命の星・地球博物館.
金子　稔（写真）・野村正弘（文）　2018. 浦和 GS-UR-1 コアから産出した浮遊性有孔虫 *Pulleniatina obliquiloculata*（Parker and Jones）. 地質調査研究報告 69-4：表紙および解説文. https://www.gsj.jp/publications/bulletin/bull2018/bull69-04.html
高原　光　2011. 日本列島とその周辺域における最終間氷期以降の植生史. 湯本貴和編・高原　光・村上哲明責任編集『シリーズ日本列島の三万五千年——人と自然の環境史　第 6 巻　環境史をとらえる技法』15-43. 文一総合出版.
中川　毅　2017.『人類と気候の 10 万年史』講談社.
平　朝彦　2007.『地質学 3　地球史の探求』岩波書店.
富山県　国内初の現存する「氷河」を立山連峰で発見！ https://www.pref.toyama.jp/1711/kurashi/seikatsu/seikatsueisei/yuki/tateyama/tateyama_hyouga.html（最終閲覧日：2021 年 7 月 20 日）
安成哲三　2018.『地球気候学——システムとしての気候の変動・変化・進化』東京大学出版会.
Alley, R. B. 2000. The Younger Dryas cold interval as viewed from central Greenland. *Quaternary Science Reviews* 19: 213-226
IPCC 2007. Climate Change 2007: *Synthesis Report. Contribution of Working Groups Ⅰ, Ⅱ and Ⅲ to the Fourth Assessment Report of the Intergovernmental Panel on Climate change*. Cambridge University Press.
Oregon State University 2018. Newsroom Study: Earth’s polar regions communicate via oceanic “postcards”, atmospheric “text messages”. https://today.oregonstate.edu/news/study-earth’s-polar-regions-communicate-oceanic-“Cpostcards”-atmospheric-“text-messages”（最終閲覧日：2021 年 7 月 20 日）

・参考文献

多田隆治　2017.『気候変動を理学する　新装版』みすず書房.

〈第 12 章〉

・引用文献

遠藤邦彦　2015.『日本の沖積層』冨山房インターナショナル.
気象庁　氷河性地殻均衡（GIA：Glacial Isostatic Adjustment）. http://www.data.jma.go.jp/kaiyou/db/tide/knowledge/sl_trend/GIA.html（最終閲覧日：2021 年 7 月 20 日）
久保純子　2000. 東京湾の成立過程. 貝塚爽平・小池一之・遠藤邦彦・山崎晴雄・鈴木毅彦編『日本の地形 4　関東・伊豆小笠原』211-214. 東京大学出版会.
鎮西清高・町田　洋　2001. 日本の地形発達史. 米倉伸之・貝塚爽平・野上道男・鎮西清高編『日本の地形 1　総説』297-322. 東京大学出版会.
東木龍七　1926. 地形と貝塚分布より見たる関東低地の旧海岸線. 地理学評論 2：597-607.

縄田浩志　2014．乾燥熱帯沿岸域――初期人類にとっての安定的な避難地を考える．縄田浩志・篠田謙一編著『砂漠誌――人間・動物・植物が水を分かち合う知恵』28-36．東海大学出版部．

三沢市教育委員会　2015．『三沢市埋蔵文化財調査報告書第 30 集　野口貝塚　早稲田（1）貝塚』青森県三沢市教育委員会．

柳　哲雄　2008．瀬戸内海の成立と海底地形．柳　哲雄編『瀬戸内海の海底環境』5-15．恒星社厚生閣．

横山祐典　2002．最終氷期のグローバルな氷床変動と人類の移動．地学雑誌 111：883-899．

Kennett, D. J. and Kennett, J. P. 2006. Early State Formation in Southern Mesopotamia: Sea Levels, Shorelines, and Climate Change. *Journal of Island & Coastal Archaeology* 1: 67-99.

Coles, B. J. 1998. "Doggerland: A speculative survey" . *Proceedings of Prehistoric Society* 64: 45-81.

・参考文献

松島義章　2012．『貝が語る縄文海進　増補版――南関東，＋2℃の世界』有隣堂．

〈第 13 章〉

・引用文献

内閣府大臣官房政府広報室　https://www.gov-online.go.jp/useful/article/201502/1.html（最終閲覧日：2021 年 7 月 20 日）

内閣府中央防災会議　2011．『東北地方太平洋沖地震を教訓とした地震・津波対策に関する専門調査会報告』．内閣府．

気象庁　地震発生のしくみ．https://www.data.jma.go.jp/svd/eqev/data/jishin/about_eq.html（最終閲覧日：2021 年 7 月 20 日）

行竹洋平　2010．地学の豆知識　第 1 回　～断層とは？～．神奈川県温泉地学研究所観測だより 60：31-34．

国土地理院　活断層とは何か？　https://www.gsi.go.jp/bousaichiri/explanation.html（最終閲覧日：2021 年 7 月 20 日）

国土地理院　自然災害伝承碑．https://www.gsi.go.jp/bousaichiri/denshouhi.html（最終閲覧日：2021 年 7 月 20 日）

地震調査研究推進本部　断層面とアスペリティ．https://www.jishin.go.jp/resource/column/2010_1011_05/（最終閲覧日：2021 年 7 月 20 日）

地震調査研究推進本部　津波発生の模式図．https://www.static.jishin.go.jp/resource/figure/figure005064.jpg（最終閲覧日：2021 年 7 月 20 日）

地震調査研究推進本部　2013．南海トラフの地震活動の長期評価（第二版）について．https://www.jishin.go.jp/main/chousa/13may_nankai/nankai2_shubun.pdf（最終閲覧日：2021 年 7 月 20 日）

Koto, B. 1893. On the Cause of the Great Earthquake in Central Japan, 1891. *The journal of the College of Science, Imperial University, Japan* 5: 295-353.

・参考文献

岡田篤正・八木浩二　2019．『図説　日本の活断層』朝倉書店．

産業技術総合研究所　2006．『きちんとわかる巨大地震』白日社．

〈第 14 章〉

・引用文献

安八町　1986．『9.12 豪雨　災害誌』安八町．

牛山素行・本間基寛・横幕早季・杉村晃一　2019．平成 30 年 7 月豪雨災害による人的被害の特徴．自然災害科学 38：29-54.
川村隆一・小笠原拓也　2007. 平成 18 年豪雪をもたらしたラージスケールの大気循環場の特異性――過去の豪雪年との比較. 雪氷 69：21-29.
気象庁　2015.『気象業務はいま　2015』気象庁.
気象庁　2019.『気候変動監視レポート　2018』気象庁. https://www.data.jma.go.jp/cpdinfo/monitor/2018/pdf/ccmr2018_all.pdf（最終閲覧日：2021 年 6 月 2 日）
気象庁　2020.『気候変動監視レポート　2019』気象庁. https://www.data.jma.go.jp/cpdinfo/monitor/2019/pdf/ccmr2019_all.pdf（最終閲覧日：2021 年 6 月 2 日）
消防庁　2006. 今冬（平成 17 年 12 月以降）の雪による被害状況等（第 62 報）. https://www.fdma.go.jp/disaster/info/assets/post423.pdf（最終閲覧日：2021 年 6 月 2 日）
消防庁救急企画室　2018. 平成 30 年度の熱中症による救急搬送状況. 消防の動き（2018 年 11 月号）No.571：5-8. https://www.fdma.go.jp/publication/ugoki/items/3011_all.pdf（最終閲覧日：2021 年 6 月 2 日）
高村　博・西口哲夫・木下武雄・富永雅樹・福囿輝旗・大倉　博　1977. 1976 年台風 17 号による長良川地域水害調査報告. 国立防災科学技術センター　主要災害調査　第 12 号：1-92.
津口裕茂・加藤輝之　2014. 集中豪雨事例の客観的な抽出とその特性・特徴に関する統計解析. 天気 61：455-469.
吉崎正憲・加藤輝之　2007.『豪雨・豪雪の気象学（応用気象学シリーズ 4）』朝倉書店.

・参考文献

牛山素行　2012.『豪雨の災害情報学』古今書院.
吉野正敏監修，気候影響・利用研究会編　2004.『日本の気候　第 2 巻――気候気象の災害・影響・利用を探る』二宮書店.
水谷武司　2002.『自然災害と防災の科学』東京大学出版会

〈第 15 章〉

・引用文献

UNESCO MGIEP 2017. *Textbooks for Sustainable Development: A Guide to Embedding*. Mahatma Gandhi Institute of Education for Peace and Sustainable Development.　https://unesdoc.unesco.org/ark:/48223/pf0000259932

おわりに

令和4年度より高等学校でおよそ50年ぶりに地理が必修化されました。このタイミングを見計らったわけではなかったのですが，結果的に良い時期に『みわたす・つなげる自然地理学』を刊行できたこと嬉しく思います。高等学校の必履修科目となる地理総合では，防災や地球環境問題など自然地理学に関連する地理的事象が多く含まれます。また，こちらも新設された選択科目の地理探究では，生徒自らが将来の国土像を構想したり探究したりすることを目指しており，それには生活文化や人間社会の基盤である自然環境への洞察が必要不可欠です。本書が新しい科目を担う教員志望の人や，新しい科目がきっかけとなり大学で地理学の学びを深めたい人にとって有益なものになることを期待しています。

この「みわたす・つなげる地理学」シリーズに集まった執筆者たちはちょっとした仕事の中で知り合った自然地理学と人文地理学の研究者です。それぞれの専門分野は異なりますが，全員が共通して「地理学は面白い」と心から思っていた者同士です。

「地理学の面白さをどうやって伝えていけば良いのか？」この問いが，この本の執筆を始めるにあたっての最初の課題となりました。本当に，自分たちの内面にある思いを言語化するのはとても難しいものだと感じた最大の壁でもありました。幾度かのミーティングや合宿を積み重ね，話し合いを続けた中で出てきたのが，「みわたす力」と「つなげる力」です。元来，私たちは好奇心旺盛で様々なことを知りたい，みわたしたいという欲求を持っています。また，習得した知識や経験を引き出しながら関連づけ，つなげて理解することに，私たちは謎解きや宝探しで目的を達成したような大きな喜びを感じます。地理学を学ぶ過程では，この2つが同時に満たされることから，私たちは地理学を面白いと思っているのです。そして，これらこそが地理学の特徴でもあり，魅力でもあると考えるに至り，関係者全員の共感を得ることができたことからシリーズのタイトルにもなりました。

自然地理学分野の執筆者が担当する『みわたす・つなげる自然地理学』にはもう1つ課題がありました。それは，社会科の中で自然科学の側面を持つ自然地理学を学んだり，教えたりすることの難しさです。教員養成課程に在籍する学生はもとより，現職教員の中にも自然地理を苦手と感じる人が少なからずいます。文理融合を謳う地理学にありながら理系の専門性が高くなりがちな自然地理学について，社会科の教員養成や学校教育の中で教えることの難しさを私たちは痛感し，これまでも様々な試行錯誤を行ってきました。おそらく教員養成の中で自然地理学の授業を担当する先生方の多くは共感していただけるものと思います。この課題を少しでも克服するためにこの本では，人と自然のかかわりに触れた導入やコラムなど，自然地理学を学ぶきっかけとなる文章を盛り込みました。多くの読者が自然地理学のそれぞれのテーマに興味関心を抱き，主体的にきちんと学んでいけるような，そんな工夫を施しています。自然地理が苦手だと思っている人は，ぜひそうしたところに注目して読み進めてみてください。これまでのような自然地理学の専門書とは違うものに見えてくると思います。

本シリーズの編集と執筆に携わってから丸三年，これほどまでに濃密に地理学について語り合ったことは私たちにとっても大変刺激的なものでした。自然や人文にかかわらず，互いに忌憚なく意見を言い合いながら，「みわたす」「つなげる」作業を繰り返して，地理学の面白さを存分に味わうこともできました。『みわたす・つなげる人文地理学』『みわたす・つなげる地誌学』も含めた「みわたす・つなげる地理学」シリーズの3冊では，私たちと同様に，読者の皆さんにも地理的事象をみわたし，つなげることを体感しながら，地理学を学んでいただきたい。そのうえで，地理学の面白さを改めて評価・判断していただけたらと思います。

最後になりましたが，この本を作成するにあたり多くの方々にお世話になりました。薄麻里奈さんには，「みわたす」「つなげる」という，ややもすれば分かりにくい抽象的な見方の意味をくみ取っていただき，素敵な挿絵を作成してくれました。また，小松陽介さんには，この本の企画段階から，時には執筆者同士の意見の相違も踏まえながら，方向性を指し示す羅針盤のようなたくさんの有益な意見をいただきました。そして，この本の企画段階から携わっていただいた古今書院の鈴木憲子さんには，京都や清里で行った合宿や不定期の研究会にもご参加いただき，様々なサポートも含めて作成を後押ししてくれました。そのほか，この本を作成する中で様々なアドバイスや意見をくれた方々，すべての皆さんに心より感謝を申し上げたいと思います。ありがとうございました。

編著者一同

索　引

［タ行］

［ナ行］

［執筆者紹介］

編　者
小野 映介（おの えいすけ）
駒澤大学文学部 教授
1976 年静岡県生まれ．名古屋大学大学院文学研究科修了．博士（地理学）．
専門は，沖積平野の地形発達史．日本各地の考古遺跡を対象として，人と自然の関係について調査・研究を行っている．
吉田 圭一郎（よしだ けいいちろう）
東京都立大学大学院都市環境科学研究科 教授
1973 年愛知県生まれ．東京都立大学大学院理学研究科修了．博士（理学）．
専門は，植生地理学・生物地理学．日本国内では気候変化にともなう植生帯動態について，海外ではブラジルやハワイなどで人と自然のかかわりについて調査・研究を行っている．

執筆者
上杉 和央（うえすぎ かずひろ）
京都府立大学文学部 准教授
1975 年香川県生まれ．京都大学大学院文学研究科修了．博士（文学）．
専門は，景観史および地図史．自然と人間の関係のなかで形成された景観の保存活用を支援している．
香川 雄一（かがわ ゆういち）
滋賀県立大学環境科学部 教授
1970 年愛知県生まれ．東京大学大学院総合文化研究科修了．博士（学術）．
専門は，環境地理学・都市社会地理学．沿岸域の環境問題に関して，工業都市や農漁村における地域社会による対応を調査・研究している．
近藤 章夫（こんどう あきお）
法政大学経済学部 教授
1973 年三重県生まれ．東京大学大学院総合文化研究科修了．博士（学術）．
専門は，経済地理学・都市地域経済学．産業立地と地域経済について，分業と制度の視点から調査・研究を進めている．

みわたす・つなげる自然地理学

令和 3（2021）年 10 月 10 日　初版第 1 刷発行
令和 5（2023）年 5 月 1 日　第 2 刷発行
編　者　小野映介・吉田圭一郎
発行者　株式会社 古今書院　橋本寿資
印刷所　株式会社 理想社
発行所　株式会社 古今書院
〒 113-0021　東京都文京区本駒込 5-16-3
Tel 03-5834-2874
振替 00100-8-35340

ISBN978-4-7722-8120-1　C3025
〈検印省略〉　Printed in Japan